Fachwissen Technische Akustik

Diese Reihe behandelt die physikalischen und physiologischen Grundlagen der Technischen Akustik, Probleme der Maschinen- und Raumakustik sowie die akustische Messtechnik. Vorgestellt werden die in der Technischen Akustik nutzbaren numerischen Methoden einschließlich der Normen und Richtlinien, die bei der täglichen Arbeit auf diesen Gebieten benötigt werden.

Weitere Bände in der Reihe http://www.springer.com/series/15809

Michael Möser

(Hrsg.)

Einmessung und Verifizierung raumakustischer Gegebenheiten und von Beschallungsanlagen

Herausgeber
Michael Möser
Institut für Technische Akustik
Technische Universität Berlin
Berlin, Deutschland

ISSN 2522-8080   ISSN 2522-8099   (electronic)
Fachwissen Technische Akustik
ISBN 978-3-662-57433-1   ISBN 978-3-662-57434-8   (eBook)
https://doi.org/10.1007/978-3-662-57434-8

Die Deutsche Nationalbibliothek verzeichnet diese Publikation in der Deutschen Nationalbi-
bliografie; detaillierte bibliografische Daten sind im Internet über http://dnb.d-nb.de abrufbar.

Springer Vieweg
© Springer-Verlag GmbH Deutschland, ein Teil von Springer Nature 2018

Gedruckt auf säurefreiem und chlorfrei gebleichtem Papier

Springer Vieweg ist ein Imprint der eingetragenen Gesellschaft Springer-Verlag GmbH, DE
und ist ein Teil von Springer Nature
Die Anschrift der Gesellschaft ist: Heidelberger Platz 3, 14197 Berlin, Germany

Inhaltsverzeichnis

Einmessung und Verifizierung raumakustischer
Gegebenheiten und von Beschallungsanlagen   1
Wolfgang Ahnert und Stefan Feistel
1   Einteilung, Zuordnung   1
2   Messverfahren.   2
3   Raumakustische Messungen. 17
4   Anwendung in der Beschallungstechnik. 27
5   Messtechnik 36
6   Schlussbemerkungen. 38
A Anlage: Raumakustische Kriterien 38
Literatur. 49

Autorenverzeichnis

Prof. Dr.-Ing. habil. Wolfgang Ahnert, ADA Acoustic Design Ahnert, Berlin, Deutschland

Dr. rer. nat. Stefan Feistel, AFMG Technologies GmbH, Berlin, Deutschland

Einmessung und Verifizierung raumakustischer Gegebenheiten und von Beschallungsanlagen

Wolfgang Ahnert und Stefan Feistel

Zusammenfassung

In diesem Band der Reihe Fachwissen Technische Akustik werden einleitend die möglichen Messverfahren beschrieben. Dabei stehen Schalldruckmessungen und Schallpegelmessungen sowie deren Bewertung und Verfahren mittels Fourieranalyse im Mittelpunkt. Es werden die klassische Anregung mit Rauschen, das Sweep-Verfahren, die MLS-Technik, die Noise-Applikation, die TDS-Technik und das quellensignalunabhängige Messverfahren mit Echtzeitentfaltung erläutert. Anschließend wird näher auf die vorhandenen Messparameter eingegangen. Dieser Abschnitt befasst sich mit Absolut- und Relativmessungen, Eichung, Messfehlern und -optimierung, dem Messsystem und der Messkette, äußeren Einflüssen und dem Postprozessing. Bei den raumakustischen Messungen wird auf die Festlegung der Messsorte sowie auf den üblichen Messaufbau eingegangen. Es werden Zeitgrößen, Frequenzgrößen, Wasserfalldarstellung und spezielle Anwendungen wie Insitu-Messungen und die Messung der Scattering-Koeffizienten erläutert. Die Messungen in der Beschallungstechnik beginnen mit einer subjektiven Bewertung der vorhandenen Beschallungsqualität. Störende Nebengeräusche werden festgestellt und durch elektrisches Einmessen beseitigt. Zum akustischen Einmessen gehört u. a. die Ermittlung der Schallpegelverteilung, die Messung des Wiedergabefrequenzganges, die Erläuterung der Messverfahren wie Überprüfung der Kohärenz der eintreffenden Wellenfronten, die objektive Ermittlung der Verständlichkeit, die Schallpegelmessung, die Schallpegelverteilung sowie spezielle Messungen. Im Anhang sind Messverfahren auf Hardware- und Softwarebasis zusammengestellt.

1 Einteilung, Zuordnung

In den folgenden Abschnitten werden die Besonderheiten der Messtechnik für raumakustische und beschallungstechnische Anwendungen zusammengestellt.

Dabei werden zuerst die einzelnen Messverfahren erläutert, die früher zumeist von Impulsanregung (Pistolenschuss o. ä.) oder Anregung mit rosa Rauschen ausgingen. Anschließend werden computergestützte Verfahren wie TDS und MLS genauso erläutert wie einfache Anwendungen der Fourieranalyse. Angaben zu Messkalibrierungen und -fehlern runden den

W. Ahnert (✉)
ADA Acoustic Design Ahnert, Berlin, Deutschland
E-Mail: wahnert@ada-acousticdesign.de

S. Feistel
AFMG Technologies GmbH, Berlin, Deutschland
E-Mail: stefan.feistel@afmg.eu

© Springer-Verlag GmbH Deutschland, ein Teil von Springer Nature 2018
M. Möser (Hrsg.), *Einmessung und Verifizierung raumakustischer Gegebenheiten und von Beschallungsanlagen*, Fachwissen Technische Akustik, https://doi.org/10.1007/978-3-662-57434-8_1

ersten Abschnitt ab. Im zweiten werden raumakustische Anwendungen beschrieben, wobei auch die Darstellung der raumakustischen Parameter nicht zu kurz kommt. Diese wichtigen Parameter, die zum größten Teil im Standard ISO 3382 erfasst sind, werden in einem Anhang zu diesem Band aufgeführt. Auch Sondermessungen mit Filtern oder sogenannte in situ Messungen werden erläutert.

Im letzten Abschnitt werden Messmethoden zur Einmessung von Beschallungsanlagen dargelegt, wobei der erzielte Frequenzgang und die Lautstärke von besonderem Interesse sind. Auch die Messung der Sprachverständlichkeit und das STIPa-Verfahren werden erläutert. Abschließend werden einige typische Tests bei der Abnahme von Beschallungsanlagen erwähnt.

2 Messverfahren

2.1 Klassische Schallpegelmessung und -bewertung

Seitdem es Mikrofone gibt, wird auch die Lautstärke von Schallereignissen gemessen. Dabei wurde noch in den 20er Jahren oft das Pegelmaß Neper (natürlicher Logarithmus) verwendet, wobei sich aber bald Bel oder Dezibel (dekadischer Logarithmus) durchsetzte. Barkhausen schlug bereits 1926 eine subjektive Skala Phon vor, die sich bei 1000 Hz mit der dB-Skala deckt und die die Empfindlichkeiten des menschlichen Gehörs (Weber-Fechnersches Gesetz) berücksichtigt. Daraus wurden Bewertungskurven A, B und C abgeleitet, wobei die A-Bewertung eines Messgerätes dem mittleren Höreindruck des Menschen bei üblichen Lautstärken entspricht.

Wir wollen uns im vorliegenden Band mit computergestützten Messmethoden in der Raumakustik und Beschallung beschäftigen. Noch in den 50er und 60er Jahren des letzten Jahrhunderts war dabei der Impulsschalltest IST die Hauptmethode zur Ermittlung raumakustischer

Gegebenheiten. Dabei wurden solche IST's sowohl in Originalräumen als auch bereits in den 30er Jahren im physikalischen Modell durchgeführt. Zumeist ein Knallfunkensender regte den Raum an und ein Oszillograph mit Speicherfunktion zeichnete diese Impulsantwort auf. Dann lag es am Erfahrungsschatz des Betrachters, ob sinnvolle Schlussfolgerungen aus dem Oszillographenbild gezogen werden konnten oder nicht. Objektive Maße außer der Nachhallzeit lagen zumeist noch nicht vor, sodass auch Fehlinterpretationen normal waren bzw. über die Deutung teilweise heftig gestritten wurde. Erst in den 70er Jahren wurden umfangreiche subjektive Untersuchungen zum Zusammenhang zwischen subjektiven Wahrnehmungen und objektiven Gegebenheiten durchgeführt, wobei letztere nun auch mit verbesserter, teilweise schon computergestützter Auswertetechnik messbar wurden.

Mitte der 70er Jahre wurden in den USA die ersten legendären TEF-Analyser hergestellt, die nach Gleitsinusanregung mittels Time-Delay-Spektrometrie sogenannte Energie-Zeit-Kurven darstellen können. In Abschn. 2.2.6: wird darauf näher eingegangen.

Bereits in den 60er Jahren schlug Schroeder vor, spezielle Barcodefolgen, heute unter dem Namen Maximallängenfolgen MLS bekannt, zur Ermittlung der Impulsantwort zu verwenden. Mit dem etwa 1988 erstmalig verfügbaren MLSSA-Gerät wurden die raumakustischen Messungen weltweit selbstverständlich. Zudem war nun ein umfangreiches Postprozessing verfügbar, das die mittlerweile eingeführten akustischen Parameter sofort nach Ende der Messung anzeigte, vergl. Abschn. 2.2.4: MLS Technik.

Mit Einführung der modernen Computertechnik, aber besonders seit Verfügbarkeit der Notebooks sind mehrere software-basierende Messroutinen entwickelt worden, die unterschiedliche Anregungssignale zur Ermittlung der Impulsantwort verwenden, (Dirac, Win-MLS, Smaart u. a.). Sie unterscheiden sich kaum in der Schnelligkeit des Ermittelns von Impulsantwort oder Übertragungsfunktion, wohl aber in der Qualität des zur Verfügung stehenden Postprozessings.

Von den Autoren wurde das Messsystem EASERA entwickelt. Dieses wird im Folgenden bei der Darstellung von Beispielen verwendet.

2.2 Messmethoden basierend auf Fourieranalyse

2.2.1 Grundlagen

Messmethoden der Akustik beruhen in der Regel auf der Aufnahme von Schallsignalen und deren Auswertung. Hierbei hat sich schon sehr früh die Frequenzanalyse als wichtiges Werkzeug zur Beurteilung aufgenommener Daten herausgestellt, da sie die Untersuchung in einer Form ermöglicht, wie sie dem menschlichen Hörvorgang ähnlich ist.

Im Allgemeinen verstehen wir die Fourieranalyse (nach Fourier, französischer Mathematiker, 1768–1830) als die spektrale Zerlegung eines Zeitsignals bezüglich seiner harmonischen Frequenzen. In einfacher Form lässt sich der Beitrag zu einer definierten Frequenz als Skalarprodukt des Zeitsignals $a(t)$ und der harmonischen Schwingung zu dieser Frequenz ω bestimmen.

$$\tilde{A}(\omega) = \frac{1}{2\pi} \int_{-\infty}^{\infty} a(t) \, \exp^{-j\omega t} \, dt \qquad (1)$$

Das so gewonnene komplexe Frequenzspektrum $\tilde{A}(\omega)$ gibt nun Aufschluss über den Anteil verschiedener Frequenzen bzw. Töne am Gesamtsignal. Es ist daher ganz grundlegend dazu geeignet, einerseits das subjektiv wahrgenommene Tonspektrum mit dem objektiv gemessenen zu vergleichen, andererseits aber auch aus der Analyse der objektiven Messung Rückschlüsse auf den zugehörigen subjektiven Eindruck zu ermöglichen. Schließlich erlaubt diese Methode es auch, z. B. Resonanzen in komplizierteren Prozessen zu identifizieren, die für einen Menschen nicht mehr getrennt vom Gesamtsignal wahrnehmbar sind. Neben Messungen und Untersuchungen im

Zeitbereich hat sich so auch die Betrachtung im Frequenzbereich als wesentliche Messmethode der Akustik etabliert.

Mit der Entwicklung DSP- und computerbasierter Messsysteme und der Nutzung von Analog/Digital (A/D) – Wandlern wurde auch die Behandlung zeitdiskreter Signale praktisch notwendig (hierzu Oppenheim/Schafer [1]). Durch Abtastung des eintreffenden Zeitsignals in festen Zeitintervallen und Auswertung von Blöcken endlicher Länge ergeben sich Einschränkungen bezüglich der zeitlichen und spektralen Auflösung der digitalen Aufnahme im Vergleich zum originalen Signal. Basierend auf dem Shannon-Theorem (nach Shannon, amerikanischer Mathematiker, 1916–2001) bestimmt die Abtastrate f_S dabei die maximal auflösbare Frequenz f_{max}, die sogenannte Nyquist-Frequenz (nach Nyquist, schwedischer Mathematiker, 1889–1976):

$$f_{max} = \frac{1}{2} f_s \qquad (2)$$

Die Abtastdauer T legt die Dichte Δf des diskreten Frequenzspektrums fest:

$$\Delta f = \frac{1}{T} \qquad (3)$$

Entsprechend sind alle digitalen Messsysteme diesen prinzipbedingten Limitierungen unterworfen.

In der Praxis kommen verschiedenste solcher Messsysteme zum Einsatz. Es sind dabei aber insbesondere zwei Grundprinzipien zu unterscheiden, und zwar die einfache Auswertung des Eingangssignals bezüglich seiner spektralen Verteilung und die aufwendigere Bestimmung der Übertragungsfunktion des untersuchten Systems. Im ersten Fall wird lediglich das anliegende Zeitsignal zur weiteren Analyse in den Frequenzbereich transformiert. Im zweiten Fall wird dagegen unter Verwendung eines sogenannten Referenzsignals die Impulsantwort oder komplexe Übertragungsfunktion durch Entfaltung des anliegenden Zeitsignals zumeist im Frequenzbereich bestimmt. Der zweite Fall wird häufig als Messung auf Basis der Fourieranalyse im engeren Sinne verstanden.

Einfache Messsysteme, die nur das Spektrum am Eingang darstellen und auswerten, sind typischerweise Handschallpegelmesser (Brüel & Kjær 2240, Norsonic, NOR140) und tragbare Analysatoren (Ivie IE-45, Terrasonde Audio Toolbox etc.). Neben breitbandigen Größen wie dem Gesamtschalldruckpegel lassen sich hiermit auch bandbezogene Pegel untersuchen, z. B. in Terz- oder Oktavauflösung. Es ist mit dieser Methode auch möglich, den Frequenzgang des untersuchten Systems zu ermitteln, allerdings nur dem Betrag nach. Hierzu kann ein breitbandiges Rauschsignal mit rosa oder weißer Gewichtung verwendet werden. In einer Darstellung von bandbezogenen Summenpegeln stellt sich das rosa Rauschen als konstante Funktion über der Frequenz dar, sodass der Frequenzgang des gemessenen Systems als Veränderung dieser Funktion direkt ablesbar ist.

Fortgeschrittenere Messsysteme können die komplexe Übertragungsfunktion oder die Impulsantwort des zu untersuchenden Systems ermitteln. Hierzu wird das System mit einem bekannten Signal angeregt und das Antwortsignal aufgenommen.

$$e(t) \longrightarrow \boxed{\text{SUT}} \longrightarrow a(t)$$

Unter Annahme eines zeitlich invarianten, linearen (LTI-) Systems lässt sich durch Entfaltung der beiden Datensätze das Übertragungsverhalten bestimmen. Dann nämlich stellt sich die Antwortfunktion $a(t)$ als Faltungsprodukt des Anregungssignals $e(t)$ und der Übertragungsfunktion $h(t)$ dar:

$$a(t) = h(t) \otimes e(t) \qquad (4)$$

Im Frequenzbereich wird die Faltung zum einfachen Produkt und es kann direkt nach der Übertragungsfunktion $H(\omega)$ aufgelöst werden:

$$H(\omega) = \frac{A(\omega)}{E(\omega)} \qquad (5)$$

Dieses Verfahren, auch bekannt als Inverse Filterung, ist in der Praxis empfindlich gegen ein niedriges Signal/Rausch-Verhältnis und Anregungssignale $e(t)$ mit ungenügender spektraler Dichte. Verbesserungen werden z. B.

erreicht durch Anwendung der Wiener-Methode (nach Wiener, amerikanischer Mathematiker, 1894–1964) und ähnlicher Verfahren [2]. In einfachster Form kann so durch Festlegung eines Schwellwerts eine Mindestamplitude für das Signal gefordert werden:

$$H(\omega) = \begin{cases} \dfrac{A(\omega)}{E(\omega)} & \text{für } \dfrac{1}{|E(\omega)|} < \upsilon \\[2ex] A(\omega)\,\dfrac{\upsilon|E(\omega)|}{E(\omega)} & \text{sonst} \end{cases} \qquad (6)$$

Bessere Näherungen werden mit dem Ansatz eines additiven Störanteils möglich:

$$A(\omega) = H(\omega)\,E(\omega) + N(\omega) \qquad (7)$$

und zwar durch Schätzung oder separate Messung des Störgeräuschs als Leistungsdichtespektrum.

Als Anregung werden im Allgemeinen Pseudozufallsrauschen, Gleitsinus oder andere wohldefinierte Signale verwendet. Grundsätzlich ist auch ein impulsartiges Signal denkbar, in Praxis sind diese aber kaum in Verwendung, da aufgrund der kurzen Zeitdauer eine hohe Signalstärke verwendet werden muss, um das System (dazu zählt bei raumakustischen Messungen z. B. auch ein Konzertsaal) ausreichend anzuregen. Neben den immer vorhandenen Störgeräuschen ist dabei auch die Belastbarkeit der einzelnen Elemente der Messkette zu beachten, wie Lautsprecher oder Mikrofon.

In der Regel sind reale Systeme nur näherungsweise linear. Wesentliche Faktoren sind in diesem Zusammenhang einerseits die vorhandenen Störpegel, die als Grundrauschen in der ermittelten Impulsantwort wieder auftauchen. Andererseits spielen auch höhere nichtlineare Anteile eine Rolle, seien diese durch das Lautsprechersystem hervorgerufen, durch andere Glieder der Messkette oder durch Inhomogenitäten des Übertragungsmediums Luft, wie Luftbewegungen oder Temperaturunterschiede. Auch Zeitvarianzen im zu messenden System sind eine häufige Ursache für Messfehler.

Abhängig von der Natur der Störanteile kann ein geeignetes Messsignal gewählt werden (s. a. nachfolgende Abschnitte). Die meisten Gleitsinussignale haben den Vorteil, dass sich durch die Entfaltung Verzerrungsanteile (Harmonische höherer Ordnung) am Ende der Impulsantwort befinden und somit durch Fensterung einfach entfernen lassen. Die Länge des Messsignals und die Anzahl der Zeitmittelungen bestimmen, wie stark der Anteil des zufälligen Störgeräuschs reduziert werden kann. Sind nur kurze Messdauern möglich, so bieten sich Signale an, die eine hohe Energiedichte haben und damit einen hohen Signal-Rausch-Abstand erzielen können. Unter Umständen können Messungen auch nur mit Anregungssignalen durchgeführt werden, die unempfindlich gegen kleine Zeitinvarianzen im zu untersuchenden System sind.

Grundsätzlich ist auch die Messung mit nicht a-priori bekannten Zeitsignalen möglich, solange das Signal zum Zeitpunkt der Entfaltung (in Echtzeit) vorliegt. Dieses Verfahren ist auch als sogenannte „Quellenunabhängige" Messung bekannt und wird vor allem bei Konzerten und Proben eingesetzt, um die Messung mit dedizierten, aber störenden Anregungssignalen verkürzen oder ganz vermeiden zu können. Naturgemäß sind die so gewonnenen Daten in signifikantem Maße von der Frequenzabdeckung des externen Signals und dessen Stärke im Vergleich zum Störgeräusch abhängig. In der Regel sind deutlich längere Mittelungszeiträume sowie Filterungen notwendig, um Ergebnisse zu erzielen, die den weiter oben geschilderten Messmethoden qualitativ äquivalent sind.

Ergänzend ist anzumerken, dass zur Einmessung eines Beschallungssystems und weiteren Unterdrückung von Störanteilen vielfach auch räumlich gemittelt wird. Dazu werden mehrere Messungen an verschiedenen Punkten des Raumes durchgeführt und die resultierenden Frequenzgänge gemittelt. Aus dem Ergebnis lässt sich dann ableiten, in welcher Form die Beschallungsanlage korrigiert bzw. entzerrt werden muss.

2.2.2 Klassische Anregung

Eine der weitverbreitetsten Anregungsmethoden ist das Einspielen von rosa Rauschen (Pink Noise) in das zu untersuchende System. Es ist ähnlich zu weißem Rauschen einfach zu generieren, hat aber im Vergleich mehrere Vorteile. Zunächst klingt es über längere Zeiträume

subjektiv angenehmer, damit wird die Arbeit des Messenden erleichtert und die Akzeptanz Dritter gegenüber dem Messvorgang erhöht. Außerdem weisen die meisten Lautsprechersysteme eine höhere Empfindlichkeit und damit geringere Belastbarkeit im hohen Frequenzbereich auf, sodass durch die Höhenabsenkung beim Pink Noise Signal die Wahrscheinlichkeit für Beschädigungen des Wiedergabesystems (Hochtonweg) oder störende Verzerrungen in der Messkette stark verringert wird.

Historisch wurde rosa Rauschen vor allem zur einfachen Frequenzanalyse eingesetzt, dazu war nur die entsprechende spektrale Verteilung der anregenden Zufallsfunktion im Zeitmittel zu garantieren. Zur Ermittlung der komplexen Systemübertragungsfunktion über eine Entfaltung ist allerdings die genaue Kenntnis der Zeitfunktion notwendig. Vielfach wird daher von modernen PC-basierten Messsystemen Pseudozufallsrauschen eingesetzt, für welches – bei gleicher Signalcharakteristik – die exakte Signalamplitude als Funktion der Zeit vor dem Messvorgang festgelegt wird bzw. bekannt ist.

Der Energieinhalt eines Pink Noise Signals nimmt mit 3 dB/Oktave ab und das Leistungsdichtespektrum $S(\omega)$ kann wie folgt definiert werden:

$$S(\omega) \propto \frac{1}{\omega} \qquad (8)$$

Dieser Zusammenhang wird auch in Abb. 1 im Vergleich zu weißem Rauschen dargestellt.

Durch die Vorgabe des betragsmäßigen Frequenzgangs ist das Pink Noise Signal jedoch nicht eindeutig definiert. Sowohl die genaue Zeitfolge kann zwischen Messsystemen bzw. Anwendungen variieren als auch der Scheitelfaktor (Crest Factor). Bei dem Vergleich bzw. der Reproduktion von Messergebnissen sind diese Randbedingungen zu beachten.

Als weitere klassische Anregungstechnik ist das Impulsverfahren zu nennen. Früher wurden hierzu Pistolen oder Ballons verwendet. Der Pistolenschuss oder der Knall des berstenden Ballons wird aufgezeichnet und später im Postprozessing analysiert. Ist das Signalspektrum hinreichend bekannt und reproduzierbar (in

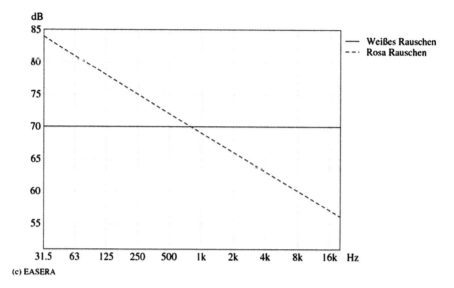

Abb. 1 Charakteristisches Frequenzspektrum für rosa Rauschen und weißes Rauschen, dargestellt ist das Leistungsdichtespektrum in dB von 30 Hz bis 22 kHz mit willkürlicher Normierung

der Regel annähernd weiß), so lassen sich auch Rückschlüsse auf den Frequenzgang des untersuchten Systems ziehen. In ähnlicher Weise können Signale mit dem Charakter einer Stufenfunktion genutzt werden, z. B. schnelle Abschaltvorgänge bei Musikstücken. Damit ist es beispielsweise möglich, Aufnahmen von Orgelkonzerten zur Bestimmung der Nachhallzeit auszuwerten. Naturgemäß eignen sich diese beiden Methoden aber nur für bestimmte Anwendungen der Raumakustik, jedoch i. A. nicht für die Einrichtung und genaue Abstimmung von Beschallungsanlagen.

2.2.3 Sweep-Verfahren

In den letzten Jahren hat sich der Gleitsinus (auch Sweep, Chirp) in Kombination mit der Entfaltung im Frequenzbereich als wichtigste Methode für akustische Messungen durchgesetzt. Dies ist vor allem dem Umstand zuzuschreiben, dass dieses Verfahren einerseits eine Reihe messtechnischer Vorteile besitzt und andererseits die Zahl PC-basierter Messsysteme sprunghaft zugenommen und sich gleichzeitig die verfügbare Rechenleistung stark vergrößert hat. Noch in den 90er Jahren zwangen begrenzt vorhandener Speicher und nutzbare Prozessorleistung dazu, spezielle, ressourcensparende

Technologien anzuwenden, wie z. B. bei MLSSA [7] oder TEF [11], die aufgrund der notwendigen Optimierung lediglich geringe Flexibilität in Bezug auf die verwendbaren Anregungssignale aufwiesen. Diese Einschränkungen sind heute kaum noch vorhanden.

In seiner einfachsten Form ist der Gleitsinus ein fortlaufendes Sinussignal $s(t)$, dessen Frequenz sich mit der Zeit allerdings verändert:

$$s(t) \propto \sin\left(\varphi(t)\right) \qquad (9)$$

Dabei kann die Abhängigkeit von der Zeit der Phase $\varphi(t)$ verschiedene Formen annehmen. Üblicherweise wird diese definiert durch die Momentanfrequenz

$$\Omega(t) = \frac{d}{dt}\varphi(t) \qquad (10)$$

Hängt die Momentanfrequenz linear von der Zeit ab, so handelt es sich um einen einfachen (weißen) Sweep:

$$\Omega(t) = \alpha \cdot t + \omega_0 \qquad (11)$$

Dann ist die Sweep-Rate α in Hz/s konstant, in gleichen Zeiten werden gleiche Frequenzbereiche überstrichen. Ist die Abhängigkeit dagegen exponentiell, dann spricht man von einem sogenannten Pink- oder Log-Sweep (rosa Frequenzgang).

$$\varphi(t) = e^{\beta_1 \cdot t \, | \, \beta_0} + \varphi_0$$

In diesem Fall ist die Sweep-Rate $\beta = \beta_1/\ln(2)$ in Oktaven/s konstant, in gleichen Zeiten werden gleiche Bänder überstrichen. Neben der Sweep-Rate wird ein Gleitsinus auch durch die Parameter Startfrequenz und Endfrequenz charakterisiert, die den zu untersuchenden Frequenzbereich vollständig einschließen sollten (s. a. [3]).

Im Vergleich zu vielen anderen Signalformen, wie z. B. Rauschen oder Maximallängenfolgen (MLS), stellt der Gleitsinus eine stetige Funktion der Frequenz dar. Dies hat bei der Digital/Analog-Wandlung den Vorteil, dass die Anti-Aliasing Filter der D/A Wandler gar nicht oder nur gering „überschießen" im Vergleich zu stufenförmigen oder unstetigen Signalen. Abhängig von der genauen Signalform und -länge sind außerdem harmonische Verzerrungsanteile bei Störungen im Messweg gut von der Impulsantwort separierbar. Beim Log-Sweep ist die Situation sogar so, dass die Impulse der jeweiligen Harmonischen zeitlich genau lokalisiert sind und somit ausgewertet werden können. Auch bei geringen Zeitvarianzen im System stellt sich der Gleitsinus

als unanfällig dar [4]. Schließlich lassen sich bei Sweep-Messungen Störungen oder Verzerrungen im Wiedergabesystem auch subjektiv bereits direkt wahrnehmen, dies ist bei Rauschsignalen in der Regel schwierig.

Im Abb. 2 wurden exemplarisch ein weißer Sweep, ein Log-Sweep und ein gewichteter (Weighted) Sweep dargestellt. Bei letzterem handelt es sich um eine angepasste Form, die insbesondere bei Lautsprechermessungen zum Einsatz kommt. Die Absenkung im oberen Hochtonbereich ist hier nicht so stark wie beim logarithmischen Gleitsinus, sodass ein höherer Signal-Rausch-Abstand erzielt werden kann.

2.2.4 MLS-Technik

Das Verfahren der akustischen Messung mittels MLS (Maximum Length Sequences, Maximallängenfolgen) beruht auf der Konstruktion von Pseudozufallsfolgen und deren Auswertung durch eine Korrelationsberechnung basierend auf der Systemantwort und der Folge selbst. Die MLS-Messmethode wird historisch als Prototyp der Auswertung im Zeitbereich verstanden, da die Gewinnung der Impulsantwort aufgrund der speziellen MLS-Eigenschaften direkt und einfach im Zeitbereich erfolgen kann.

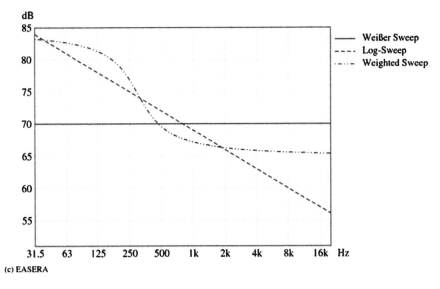

Abb. 2 Charakteristisches Frequenzspektrum für weißen Sweep, Log-Sweep, Weighted Sweep, dargestellt ist das Leistungsdichtespektrum in dB von 30 Hz bis 22 kHz mit willkürlicher Normierung

MLS-Folgen werden durch eine ganzzahlig-positive Ordnung N charakterisiert und haben grundsätzlich $2^N - 1$ Samples. Die einzelnen Samples stellen eine Binärsequenz dar und nehmen nur die Werte 1 oder 0 an. (Messsysteme skalieren diesen Wertebereich in der Regel auf die symmetrische Darstellung mit +1 und −1 um). Die Konstruktion der Folge kann über ein Schieberegister der Länge N verdeutlicht werden (siehe Abb. 3 für $N = 3$); durch den

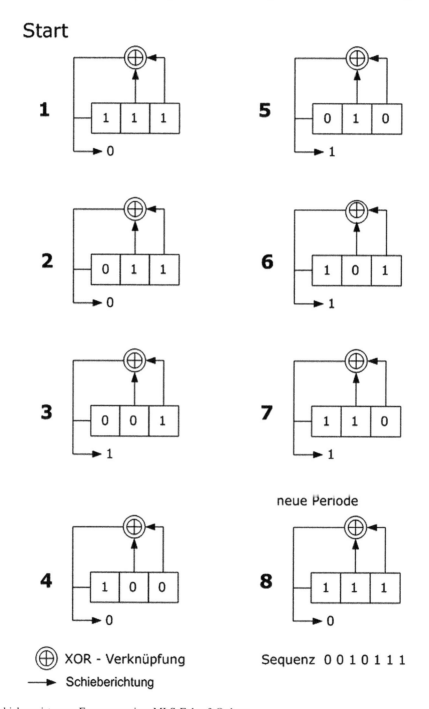

Abb. 3 Schieberegister zur Erzeugung einer MLS-Folge 3.Ordnug

Konstruktionsalgorithmus, der ausgewählte Bits (Taps) rekursiv mit dem Registerzustand verknüpft, werden vom Register alle Kombinationsmöglichkeiten von N Bits bis auf den Nullvektor angenommen. Die Erzeugung einer Sequenz der Länge $2^N - 1$ benötigt aufgrund dieser Eigenschaft nur minimalen Speicher, nämlich gerade die Zahl der N Registerbits.

Abhängig vom Konstruktionsalgorithmus kann es mehrere, verschiedene MLS-Folgen derselben Ordnung geben, siehe Abb. 4. In der Messtechnik hat dies den Vorteil, dass gegebenenfalls zwischen verschiedenen Versionen ausgewählt werden kann, sollte sich eine Folge als ungünstig für das zu messende System erweisen, z. B. aufgrund geringfügiger Nichtlinearitäten [5].

Die Messung selbst erfolgt so, dass die MLS Folge in das zu untersuchende System eingespielt und die Systemantwort aufgenommen wird. Danach kann durch Berechnung der Korrelationsfunktion beider Folgen die Impulsantwort gewonnen werden. Die Korrelationsberechnung kann aufgrund der Natur der MLS erheblich vereinfacht werden. Die spezielle Transformation, die die Eigenschaften der MLS Folge explizit ausnutzt, nennt man Hadamard-Transformation. Vor allem für Messsysteme mit stark begrenztem Speicherplatz und limitierter Rechenleistung ist diese Variante, die Impulsantwort zu gewinnen, optimal geeignet.

Das Spektrum eines MLS Signals ist konstant über der Frequenz (weiß) bis auf den Gleichanteil. Der Scheitelfaktor (Crest Factor) ist minimal klein und erlaubt so ein hohes Signal-Rausch-Verhältnis. Nachteilig ist der stark unstetige Verlauf der Maximallängensequenz, der aufgrund der schnellen Wechsel zwischen maximalen Auslenkungszuständen leicht zu Verzerrungen oder Übersteuern der beteiligten Messgeräte führen kann. In der Praxis werden deshalb MLS Anregungen meist mit etwas niedrigerem Ausgabepegel als bei vergleichbaren Gleitsinusanregungen durchgeführt, sodass sich der Vorteil des geringen Scheitelfaktors wieder kompensiert. Außerdem ist die Messung mit MLS Folgen verhältnismäßig anfällig gegen leichte Zeitvarianzen im System [5, 6].

Die am weitesten verbreitetste Implementierung der MLS-Technik im Akustikbereich ist seit Ende der 80er Jahre das teilweise schon PC-basierte Messsystem MLSSA [7].

2.2.5 Noise-Applikation

Neben dem bereits erläuterten rosa Rauschen werden in der Praxis auch andere Rauschsignale eingesetzt. Zu nennen sind hier zum Beispiel weißes Rauschen, das einen konstanten Frequenzgang aufweist, und rotes Rauschen, das mit 6 dB je Oktave stärker als rosa Rauschen abfällt. Wie beim Sweep ist auch eine sogenannte Färbung, d. h. Gewichtung

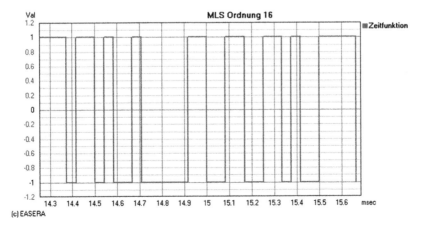

Abb. 4 Ausschnitt aus einer Maximallängenfolge der Ordnung 16 bei einer Abtastrate von 24 kHz, dargestellt ist das Verhalten im Zeitbereich zwischen 14,3 ms und 15,7 ms

der Frequenzanteile, möglich, sodass das Anregungssignal gut auf die Zielstellung der Messung angepasst werden kann. Beispielsweise kann der Frequenzgang des Rauschsignals analog zum gewichteten Sweep gewählt werden, wenn Lautsprechermessungen mit Rauschanregung vorgenommen werden sollen.

Die weiter oben beschriebenen Maximallängenfolgen (MLS) sind als Spezialfall des allgemeinen Rauschsignals zu verstehen, als eine Klasse des Pseudozufallsrauschens folgt ihre Zeitfunktion wohldefinierten Gesetzmäßigkeiten. Insbesondere lässt sich auch eine MLS-Folge gewichten [8], um so z. B. eine Absenkung des Hochfrequenzanteils zu erreichen. Natürlich genügt die resultierende Zeitfunktion nach einer solchen Anpassung nicht mehr den Anforderungen an eine MLS, sodass die Hadamard-Transformation nicht mehr verwendet werden kann. Es wird dann eine normale Entfaltung durchgeführt (s. o.).

Mit dem Frequenzgang allein ist das Rauschsignal allerdings nicht eindeutig definiert. Daher wird häufig zur genaueren Beschreibung die statistische Verteilungsfunktion definiert, nach der sich das Auftreten der Amplitudenwerte einzelner Zeitsamples richtet. So spricht man beispielsweise von Gaußschem weißen Rauschen oder Poisson-verteiltem weißen Rauschen.

In den letzten Jahren hat eine weitere Klasse dedizierter Rauschsignale Verbreitung gefunden, allerdings werden diese praktisch ausschließlich zur Überprüfung der Qualität von Sprachausgaben bei Alarmsystemen verwendet. Hier kommen Messgeräte mit dem STIPa-Verfahren [9, 10] zum Einsatz, die ein rauschähnliches Anregungssignal verwenden, welches bandgefiltert und amplitudenmoduliert ist.

2.2.6 TDS-Verfahren und -Technik

Ende der 60er Jahre des vorigen Jahrhunderts entwickelte Richard Heyser das Messverfahren Time Delay Spectrometry TDS für Anwendungen im Audiobereich [11]. Die Original-Hardware-Implementierung bestand aus einer großen Anzahl von Standardtestgeräten

wie Oszillographen und Signalgeneratoren. Daraus leitete sich der sogenannte TEF Analyzer (TEF-10 und später TEF-12) ab. Dieses Gerät (noch in PCM Technologie) schloss eine bestimmte Hardwaretechnik zur Erzeugung der Mitlauffilteroperationen ein.

Der heutige TEF20 Analyzer besitzt einen Generator, der sowohl einen Gleitsinus als auch simultan einen dazu phasenstarren Gleitcosinus erzeugt. Der Sinus wird in das „System under Test" (SUT) gespeist und das aufgenommene Signal wird dividiert durch den Original-Sinus (um den Realteil der Übertragungsfunktion zu erhalten) und durch den 90° phasenverschobenen Cosinus (um den Imaginärteil zu erhalten). Diese Postprozessing-Signale werden dann über einen Tiefpass mit einer festen Cutoff Frequenz geführt.

Time Delay Spectrometry (TDS) ist also eine Zwei-Kanal-Messung, bei der ein Gleitsinuston, der vom Messprogramm erzeugt werden muss, in das zu messende System SUT eingespeist wird. Das Ausgangssignal aus dem SUT (mit Mikrofon oder Signalabnehmer aufgenommen) wird dann über ein Bandpassfilter geschickt, dessen Mittenfrequenz mit der Sendesignal-Frequenz (verzögert) mitläuft (Abb. 5). Durch Veränderung der Offset-Zeit zwischen Anregungssignal und Mitlauffilter einschließlich variierbarer Bandbreite wird eine spezielle frequenzabhängige Darstellung bestimmter Zeitabschnitte der Zeitfunktion möglich, während andere Abschnitte dieser Funktion unbeachtet bleiben. Der hohe Signal/Rausch-Abstand, der mit dieser Methode erreicht wird, erlaubt es, sehr effektiv echofreie Messungen in echobehafteten Messumgebungen unabhängig vom anliegenden Störsignal zu machen. Das nächste Abb. 5 macht das Prinzip dieser Messmethode deutlich.

In der Software EASERA wurde eine Lösung zur TDS-Messung implementiert, die aus Abb. 6 und 7 deutlich wird.

Das TDS-Verfahren ist in den USA noch sehr verbreitet, während es in Europa bereits als Auslaufmodell gilt.

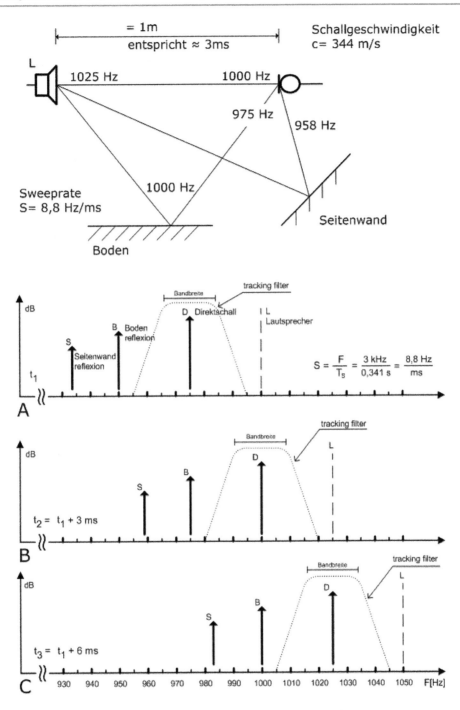

Abb. 5 TDS Prinzip

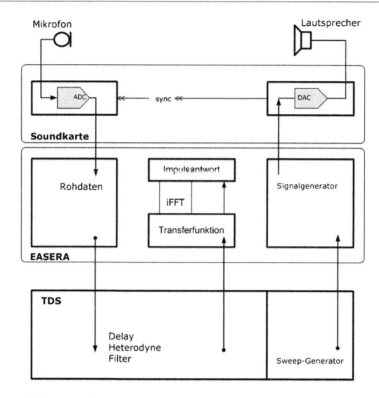

Abb. 6 Blockschaltbild in EASERA

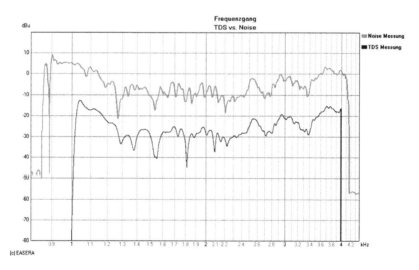

Abb. 7 Frequenzgangvergleich aus Messung mit TDS und Schmalband Noise Anregung

2.2.7 Messverfahren mit frei wählbaren Anregungssignalen

Bei elektrischen Messungen ist die Signalanregung mit Noise oder Sweep oft nicht störend, wohl aber bei akustischen Messungen in Räumen oder im Freien. Dort werden Konzertproben unterbrochen oder gekürzt, nur um die Anlage einzumessen. Noch kritischer ist es, wenn Messungen bei Anwesenheit von Publikum durchzuführen sind. Dann stören natürlich solche Einspielungen von Noise oder gar Sweepsignalen, sodass wichtige Verständlichkeitsmessungen z. B. in Stadien zumeist nur im leeren Zustand erfolgen. Die damit erhaltenen Werte sind aber nur bedingt richtig, da bekannt ist, dass anwesendes Publikum die akustischen Gegebenheiten eines Raumes beträchtlich verändert. Oft erfolgen dann Hochrechnungen auf unterschiedliche Besetzungsgrade, die aber naturgemäß stark fehlerbehaftet sein können.

Besser wäre es somit in diesem Falle, wenn die Besucher gar nicht bemerken würden, dass akustische Messungen durchgeführt werden.

Seit den 90er Jahren ist ein quellenunabhängiges Messverfahren SIM („source independent measurement") der Fa. Meyer Sound Lab., Inc. bekannt [12], bei dem bei Einsatz aufwendiger Hardware und der Anwendung von Fouriertransformationen im Echtzeitbetrieb Übertragungsfunktionen nach Betrag und Phase gemessen werden, aber keine komplexen Raumimpulsantworten (RIR), deren Länge der jeweiligen Nachhalldauer angepasst sein muss. Es dient vorrangig der Einstellung von Amplituden und Frequenzgängen von Lautsprecher- und

Arrayanordnungen und nicht der raumakustischen Untersuchung in Innenräumen oder im Freien.

Raumakustisch besser auswertbare Ergebnisse liefert das Messsystem Smaart der Fa. Rational Acoustics [13]. Hier wird mit einer zweikanaligen Messung die Impulsantwort abgeleitet, indem aus der Transferfunktion bei Anregung der beiden Kanäle durch eine IFFT die Zeitfunktion (max. Länge ca. 11 s) statisch berechnet wird. Jede Zeitfunktion wird einzeln berechnet und bedarf einer separaten Anregung. Auf dynamische Weise, also in Echtzeit, wird aber nur der Frequenzgang ermittelt. Eine Umwandlung in eine Zeitfunktion ist nicht möglich.

Die lange übliche Methode der Ermittlung von RIRs geht von der getrennten Aufnahme eines Rohsignals und dessen späterer, unabhängiger Auswertung aus.

Den heutigen Stand der Technik stellt jedoch ein Messverfahren dar, das es möglich macht, eine Raumimpulsantwort (RIR) in Echtzeit und in voller Länge durch Entfaltung (Real-Time Deconvolution) zu ermitteln, vgl. Abb. 8.

Die so dynamisch ermittelte RIR ist aufgrund einer Reihe optimierter Auswertungsverfahren

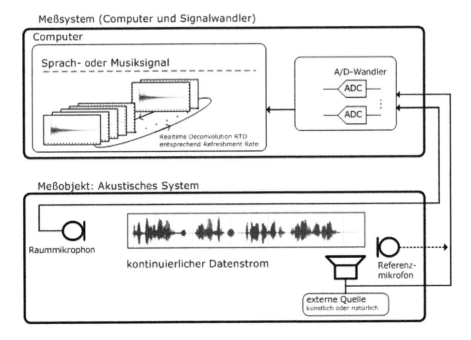

Abb. 8 Messsystem AFMG SysTune

einer statisch ermittelten RIR qualitativ absolut äquivalent. Die RIR kann typische Längen annehmen, z. B. 4–16 s. Die Transformation zwischen dem Frequenz- und Zeitbereich erfolgt linear und in voller Länge, analog zum statischen Verfahren, allerdings dort bekanntermaßen nur einmalig. Die RIR wird ohne Datenverlust durch z. B. Zeitfensterung oder Kompression berechnet. Es können wie im statischen Fall aus der dynamisch ermittelten RIR alle elektroakustischen und raumakustischen Maße abgeleitet werden. Außerdem kann zur Geräuschunterdrückung ebenfalls ein Mittelungsprozess verwendet werden.

Die Echtzeitfähigkeit des Messsystems AFMG SysTune [14] stellt sich so dar, dass das System sehr hohe Aktualisierungsraten (Refresh Rates) für die Ergebnisermittlung und dessen Anzeige und Analyse einhalten kann. Vereinfacht formuliert kann man das Messsystem auch als „Oszilloskop für Raumimpulsantworten" verstehen, die lange so nicht auswertbar waren.

2.2.8 Messparameter
Absolut- und Relativmessungen, Eichung
Bei Messungen mit PC-basierten oder anderen digitalen Messsystemen findet die Auswertung der Daten in einer Software statt. Die analogen Signalamplituden, die am Eingang

bzw. Ausgang des Messsystems anliegen, sind dann über Empfindlichkeiten mit den digitalen Äquivalenten verknüpft. In der Praxis ist es häufig so, dass diese Eingangs- und Ausgangsempfindlichkeiten sich in komplizierter Form aus Beiträgen einzelner Glieder der Messkette zusammensetzen. Das können z. B. Verstärkungs- und Dämpfungsglieder sein, Verzögerungsglieder, A/D bzw. D/A Wandler, Schutzfilter und Limiter. Daher können diese Empfindlichkeiten der Software nur ungenau oder gar nicht bekannt sein. In solchen Fällen wird eine Kalibrierung des Messsystems durchgeführt, wobei ein genau definiertes Eichsignal am Eingang angelegt oder am Ausgang gemessen wird. Durch Zuordnung des digitalen Amplitudenwerts (typischerweise gegeben in FS = Full Scale) auf der Softwareseite zum physikalischen Signal auf der analogen Seite wird die Gesamtempfindlichkeit des Messweges eindeutig bestimmt und kann dann in der Software verwendet werden (Abb. 9).

Die Kalibrierung als solche steht häufig am Anfang einer Messung und dient dabei tatsächlich nicht nur der Eichung des Messsystems sondern auch dessen Überprüfung in einfachster Form. In der Praxis hängt die Notwendigkeit von Absolutmessungen, d. h. Messungen mit exakter Kalibrierung, stark von der eigentlichen

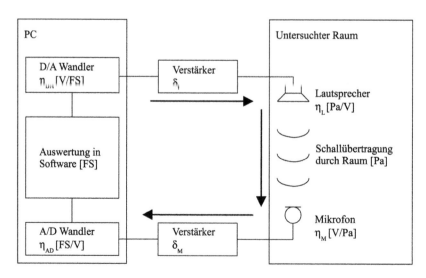

Abb. 9 Schema einer typischen Messkette bei PC-basierter Messung mit Empfindlichkeiten η und Verstärkings-/Dämpfungsgliedern δ

Messaufgabe ab. Für beispielsweise nahezu alle raumakustischen Messungen (ISO 3382, [15]) ist die Kenntnis absoluter Pegel nicht nötig, da alle abgeleiteten Maße relativer Natur sind und nicht vom Absolutwert des anliegenden Schalldrucks abhängen. Auch für die Einstellung von Verzögerungszeiten bei Beschallungsanlagen oder für die relative Justierung von Pegeln ist die Kenntnis des tatsächlichen Schalldrucks nicht notwendig.

Eine Eichung des Messsystems ist aber essenziell, wenn Lautstärken gemessen werden sollen; sei dies um für eine Veranstaltung die Wahrnehmbarkeit einer möglichen Alarmierung im Publikumsbereich abzusichern, bei Freiluftkonzerten zur Feststellung der möglichen Belästigung von Anwohnern oder zur Ermittlung der Lärmemission startender Flugzeuge. Auch bei elektrischen oder elektroakustischen Messungen sind oft absolute Aussagen zu treffen, wie z. B. bei Lautsprechern bezüglich der maximalen Belastbarkeit, der Empfindlichkeit oder auch der Maximalpegel.

Die Kalibrierung der Messgeräte ist auch der einfachste Weg, wenn zwar nur relative Größen verglichen werden sollen, aber mehrere Messsysteme (verschiedener oder gleicher Art) zum Einsatz kommen. Ein Abgleich ist in solchen Fällen empfehlenswert, da selbst bei Baugleichheit der beteiligten Messgeräte die gesamte Messkette kompliziert und damit unübersichtlich sein kann.

Grundsätzlich erfolgt die Kalibrierung eines digitalen Messsystems dadurch, dass der digitalen Einheit, die der Software zur Verfügung steht und üblicherweise mit FS (Full Scale) bezeichnet wird, eine physikalische Einheit, z. B. Pa oder V, zugeordnet wird. Dabei wird durch die Festlegung der Empfindlichkeit der Umrechnungsfaktor definiert, mit dem beispielsweise bei einem Mikrofoneingang von Pa in FS konvertiert wird.

Typische Eichmethoden für den Eingang eines Messsystems basieren auf der Verwendung eines definierten Eichsignals. Häufig geschieht dies bei akustischer Kalibrierung durch Anlegen eines 1 kHz Sinustons von effektiv 94 oder 104 dBSPL, der durch ein Pistonfon generiert wird, oder bei elektrischer Kalibrierung durch Anlegen von rosa Rauschen mit dem RMS-Wert von 1 V oder 2,83 V.

Die Kalibrierung des Ausgangs des Messsystems ist weniger oft notwendig, hierzu wird meist ein definiertes Signal durch die Software ausgegeben, z. B. ein Sinuston, das dann vom Messingenieur mit einem bereits kalibrierten Gerät gemessen und in der Software dem digitalen Ausgangssignal zugeordnet wird.

Messfehler, -optimierung und Anwendungsgrenzen

Bei akustischen und elektrischen Messungen kann es zu einer Vielzahl an Messfehlern kommen. Wir stellen nachfolgende typische Fehlerursachen, ihre Symptome und mögliche Lösungsvarianten dar. Dabei verstehen wir Fehler ganz allgemein als alle ungewollten Anteile im Messergebnis, die die interessierenden Eigenschaften des zu messenden Systems qualitativ oder quantitativ beeinflussen oder überlagern.

Zunächst klassifizieren wir die Fehler in drei Kategorien:

- Fehler im Messsystem oder in der Messkette,
- Störeinflüsse während der Messung und ungewünschte Anteile in der Antwort des untersuchten Systems,
- Fehler bei der Nachbearbeitung oder Auswertung der Rohdaten.

Messsystem und Messkette

In Bezug auf die Messkette ist zuerst sicherzustellen, dass alle Glieder im optimalen Funktionsbereich betrieben werden. Vor allem ist die Aussteuerung zu überprüfen, da die Übersteuerung eines Elements zu Verzerrungen und nichtlinearen Anteilen führt, während die Untersteuerung den Signal-Rausch-Abstand verringert. Häufig handelt es sich nur um ein spezielles Glied in der Messkette, das schlecht justiert ist und somit die Qualität der Messung insgesamt dominiert. Durch Identifikation und geeignete Anpassung lässt sich dann der Messfehler signifikant reduzieren.

Vor allem mehrkomponentige PC-basierte Messsysteme haben außerdem ein zunächst nicht optimales Frequenz- und Laufzeitverhalten. Die meisten Softwarepakete erlauben allerdings die direkte Kompensation solcher Einflüsse, was in der Regel durch eine Referenzmessung bei kurzgeschlossenem Ein- und Ausgang erfolgt. Anschließend wird die Referenz aus Messungen am realen System herausgerechnet. Dabei können z. B. die Charakteristika der A/D und D/A Wandler, von Lautsprecher und Mikrofon und auch der Verstärke kompensiert werden. Das ist vor allem wichtig für die exakte Messung von Frequenzgängen und Laufzeiten.

Weitere typische Fehlerquellen sind asynchrone Taktgeber (Clocks) am Ein- und Ausgang des digitalen Messsystems und die ungenügende Abschirmung der verwendeten Messkanäle gegeneinander oder gegenüber externen Einflüssen (z. B. Netzfrequenz). Außerdem sind viele Messfehler auch auf Defekte in Gliedern der Messkette oder fehlerhafte Anschlüsse zurückzuführen. Eine wohldefinierte Testmessung vor dem Einsatz am zu untersuchenden System ist daher immer empfehlenswert.

Abschließend merken wir an, dass das Messsystem auch immer ein physikalisches System darstellt und damit ein Ein- und Ausschwingverhalten aufweist. Es muss demnach entweder dafür gesorgt werden, dass diese Vorgänge zeitlich vernachlässigbar oder zumindest kompensierbar sind.

Äußere Einflüsse

In der Praxis erfolgen Messungen an einem zu untersuchenden System grundsätzlich unter Einfluss von Störgeräuschen. Sind diese zufälliger Natur, so kann durch zeitliche Mittelung eine Reduktion des Störanteils erreich werden. Pro Verdopplung der Messdauer kommt es zu einer Erhöhung des Signal-Rausch-Abstandes um 3 dB, wenn das Störrauschen nicht korreliert, also zufällig, ist. Auch durch Wahl eines geeigneten Messsignals (s. vorhergehende Abschnitte) kann der Signal-Rausch-Abstand verbessert werden.

Andere typische Störungen haben ihre Ursache darin, dass obwohl ein lineares, zeitlich invariantes (LTI-) System für die Messung angenommen wird, das reale System nicht vernachlässigbare Zeitvarianzen oder nichtlineare Anteile aufweist. Das können bei akustischen Messungen z. B. starker Wind oder bei elektrischen Messungen z. B. dynamische Equalizer sein. In solchen Fällen ist zunächst zu überprüfen, ob das zu untersuchende System tatsächlich ein LTI-System in ausreichender Näherung darstellt. Ist dies der Fall, kann mit einem geeignet gewählten Signal der Messfehler meist direkt oder in der Nachbearbeitung reduziert werden.

Gerade bei raumakustischen Messungen ist es wichtig, dass das Übertragungsverhalten des Systems im eingeschwungenen Zustand gemessen wird. Bei der Wahl der Anregungs- und Messdauer müssen deshalb die Zeitlängen des Ein- und Ausschwingvorgangs Berücksichtigung finden. Bei Rauschanregung, wie z. B. Pink Noise oder MLS, werden daher einleitend direkt vor der Messung sogenannte „Presends" ausgegeben. Bei elektrischen Messungen ist darauf zu achten, dass das Messsystem selbst nicht träger ist als das zu untersuchende System und so die Messung nicht verfälscht (s. o.).

Schließlich ist darauf zu achten, dass das Anregungs- oder Testsignal die gesamte Bandbreite des zu messenden Frequenzspektrums abdeckt, dies ist insbesondere bei Messungen mit beliebiger Signalanregung schwierig. Ist keine vollständige Abdeckung möglich, so müssen geeignete Filter oder Auswertungsverfahren angewandt werden, um Frequenzbereiche mit ungenügendem Signal-Rausch-Abstand auszulassen und so den Rest der Messung nicht zu verfälschen. Auch die Abtastrate ist so zu wählen, dass sie entsprechend der Nyquist-Frequenz (Abschn. 2.2.1) die gesamte interessante Frequenzbandbreite ermöglicht.

Nachbearbeitung

In der Regel verbinden sich in der Nachbearbeitung, dem sogenannten Postprozessing, zwei verschiedene Funktionen. Einerseits sollen Resultate aus den Rohdaten berechnet werden, andererseits wird versucht, zufällige und systematische Störanteile aus der Messung aber auch Artefakte zu verringern oder zu eliminieren, die in der Natur des Messprozesses liegen.

Die elementarste Form der Unterdrückung zufälliger Störgeräusche ist die Mittelung, im Frequenzbereich durch Mittelung über eine Bandbreite, im Zeitbereich durch Mittelung wiederholter Messsequenzen und auch räumlich durch Mittelung über verschiedene Messpositionen. Dabei ist prinzipiell darauf zu achten, dass keine Mehrfachmittelung derselben Größen erfolgt. Andernfalls könnten Bestandteile des Ergebnisses entfernt werden, die keine Störanteile sind.

Ebenfalls weit verbreitet ist die Fensterung gemessener Impulsantworten im Zeitbereich. Dadurch werden ungewollte Rauschanteile vor und hinter der eigentlichen Antwort entfernt. Bei bestimmten Messmethoden (z. B. Anregung mit Gleitsinus und Entfaltung) können mit diesem Verfahren auch nichtlineare Anteile entfernt werden. Ist man nur an einem Teil der gesamten Zeitantwort interessiert (akustisches Beispiel: Direktschall), dann lassen sich mit Fenstern auch Reflexionen ausblenden. Allerdings ist diese Methode insgesamt mit Vorsicht zu verwenden, denn eine Fensterung im Zeitbereich führt auch immer zu einer Veränderung im Frequenzbereich. Erstens wird durch die zeitliche Länge des Fensterbereiches auch immer der auswertbare Frequenzbereich nach unten begrenzt. Zweitens können zu steile oder unstetige Fenster (Rechteckfenster) zu Schwingungen und Artefakten im Frequenzbereich führen.

Entsprechendes gilt analog für den Einsatz von Filtern im Frequenzbereich. Zu steile Filterflanken sind nicht zu empfehlen, sollen nachfolgend auch Auswertungen im Zeitbereich ausgeführt werden. Andererseits sollten die verwendeten Filter auch nicht zu flach abfallen, um den erwünschten Effekt der Isolation eines Bandbereichs erzielen zu können. Letztlich gilt sowohl für Filter als auch für Fenster, dass abhängig von der Natur des untersuchten Objektes der beste Kompromiss zu finden ist zwischen den gewünschterweise entfernten Anteilen und den durch die Filterung/Fensterung entstehenden unerwünschten Anteilen.

In den vorangegangenen Abschnitten wurde bereits auf die Relevanz der Ein- und Ausschwingvorgänge des Messsystems und des untersuchten Systems hingewiesen. Dieser Fakt ist auch bei der Nachbearbeitung und Auswertung nicht zu vernachlässigen. So ist beispielsweise bei der Filterung darauf zu achten, dass die verwendeten Filter ein Zeitverhalten aufweisen, das an die Messung angepasst ist. Wird z. B. die Impulsantwort eines elektronischen Systems gemessen, kann dessen Abklingverhalten bei Bandpassfilterung durch das Ausschwingverhalten des Filters überdeckt werden.

Viele PC-basierte Software-Pakete erlauben es außerdem, eine Kompensation für zufällige Störgeräusche durchzuführen [16]. Dabei wird aus dem Rohdatensatz und auf Basis statistischer Annahmen eine Abschätzung des Rauschanteils vorgenommen. Bei anschließenden Auswertungen, z. B. der Berechnung raumakustischer energie-basierter Maße, kann dann dieser Störanteil bei der Ergebnisbildung abgezogen werden.

Beim Vergleich mehrerer Messreihen und Messpositionen (s. a. nachfolgender Abschnitt) ist es wichtig, die Randbedingungen der Messung zu beachten. Vor allem bei akustischen Messungen kann es bei langen Messserien im Freien oder räumlich entfernt liegenden Messorten zu erheblichen Variationen allein aufgrund von Luftveränderungen kommen, dies können Luftbewegungen, Temperaturveränderungen aber auch unterschiedliche Temperaturgradienten sein. Auch bei elektrischen Messungen oder Lautsprechermessungen treten oft zeitlich langsame, meist temperaturabhängige Veränderungen des Messobjektes auf. Diese sollten bei Vergleichen und Auswertungen wenn nicht kompensiert, so doch quantitativ festgehalten werden.

3 Raumakustische Messungen

3.1 Vorbemerkung

In der Vergangenheit wurden akustische Messungen weitgehend mit stationärem Rauschen durchgeführt. Dabei kam meist sogenanntes rosa Rauschen zum Einsatz, welches in allen zu untersuchenden Frequenzbändern gleiche Energieanteile aufweist, vgl. Abb. 10. Nachteil dieses

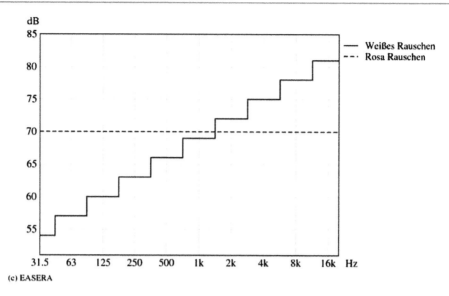

Abb. 10 Oktavdarstellung der Spektren von weißem und rosa Rauschen, dargestellt ist der Summenpegel im Frequenzbereich von 30 Hz bis 20 kHz mit willkürlicher Normierung

Verfahrens ist es jedoch, dass nur Amplitudenwerte erfasst werden, die Phasenbeziehungen zwischen Schallquellen oder auch von Reflexionen an Wand- und Deckenteilen des Raumes können nicht gemessen werden.

Aus diesem Grunde werden heute mit modernen, computergestützten Messverfahren Impulsantworten ermittelt, aus denen im Postprozessing alle Energie-, Zeit- und Frequenzwerte abgeleitet werden können. Dabei ist es durchaus richtig, dass auch Echtzeitanalysatoren unterstützend eingesetzt werden.

3.2   Festlegung der Messorte

Zur Festlegung der Messorte werden viele rasterförmig angeordnete Messpunkte im Aktions- und Rezeptionsbereich definiert. Die Größe des Rasters ist abhängig von der Schwierigkeit der Versorgung der zu überprüfenden Bereiche. Dabei sind auch kritische Plätze, wie Randplätze und Plätze unter einem Rang, mit zu berücksichtigen (s. Abb. 11).

In unserem Beispiel einer Stadthalle sind die Sendeorte der Schallanregung symmetrisch im Bühnenbereich verteilt, während die Messorte nur in einer Saalhälfte zu finden sind. Das ist in

symmetrisch angelegten Räumen aus Zeitersparnisgründen vorteilhaft, in unsymmetrischen Räumen müssen die Messplätze jedoch das gesamte Auditorium erfassen.

3.3   Messung der raumakustischen Gegebenheiten

Zur Feststellung der raumakustischen Gegebenheiten werden wie später bei der Einmessung der Beschallungsanlage die gleichen Messroutinen verwendet, die letztendlich zur Aufzeichnung von Impulsantworten führen. In vergangenen Zeiten wurden dazu sogenannte Impulsschalltests (IST) durchgeführt, wozu der Raum mit einem Knallimpuls (Pistole, Elektrischer Knallfunkengenerator o. ä.) angeregt wurde. Bei physikalischen Modellmessungen ist aus verständlichen Gründen (Grenzen der Miniaturisierung von Schallwandlern) diese Methode heute oft noch gängige Praxis.

Bei raumakustischen Messungen sind oft Kugelmikrofone aber auch Kunstkopfmikrofone im Einsatz. Um alle heute üblichen akustischen Maße zu ermitteln, ist eine Vierkanalmessung erforderlich. In Abb. 12 ist eine mögliche Messanordnung dargestellt. Dann können

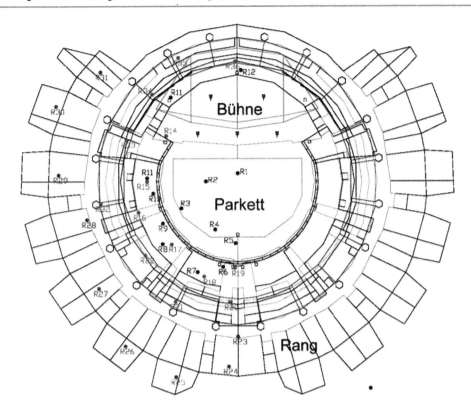

Abb. 11 Mess- und Sendeorte bei raumakustischen Messungen in einer Stadthalle

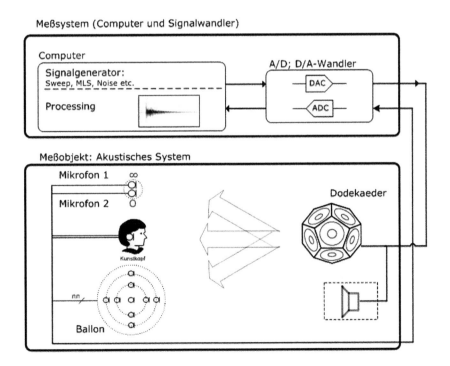

Abb. 12 Raumakustische Messanordnung

Standardmaße mit dem ungerichteten Mikrofon 2 ermittelt werden, ein Achtermikrofon (Mikrofon 1) erlaubt laterale Maße wie LE, LF oder LFC zu ermitteln und binaurale Maße werden über die Kunstkopfmessung erfasst. Mittlerweile gibt es Anordnungen, die auf einem Stativ all diese Wandler vereinen (s. a. Mikrofone wie „Ambeo VR Mic" der Firma Sennheiser), aber auch noch 6er oder gar 12er Anordnungen von Mikrofonen sind oft anzutreffen (hohe Winkelauflösung).

Zur Anregung des Raumes wird eine ungerichtete Schallquelle (meist Dodekaeder) verwendet.

Mit der Entwicklung der modernen Elektronik wurde es in den letzten 50 Jahren möglich, die akustischen Eigenschaften von Räumen sehr genau zu erfassen.

Ab Mitte der 70er Jahre des vorigen Jahrhunderts wurden zu einem nachvollziehbaren Preis für Ingenieure und Fachberater computergestützte akustische Messsysteme entwickelt und bereitgestellt. Verschiedene Messplattformen sind eingeführt worden (s. a. Abschn. 5.1 und 5.2):

- Ab 1978 das sehr bekannte System TEF 10, 12 und 20 von Crown/USA (später Gold Line) und 10 Jahre später MLSSA von DRA Laboratories und Monkey Forest des ITA der Hochschule in Aachen.
- Ab Mitte der 90er Jahre folgten Windows-basierte Systeme wie SMAART von Rational Acoustics, WinMLS von Morset Sound Development und DIRAC von Brüel & Kjær um nur einige zu nennen.
- Seit rund 10 Jahren stehen zwei von den Autoren dieses Bandes entwickelte Messsysteme zur Verfügung, EASERA und SysTune, auf die hier in Beispielen zurückgegriffen wird.

Im Vergleich zu den früheren Jahren ist die Prozessorleistung von heutigen PC's so hoch, dass das gesamte Datenhandling der Messaufgabe aber auch simultan die Testtonerzeugung und das Datensampling sowie die Datenerfassung sehr schnell erledigt werden können.

Die Messsoftware EASERA nutzt als Anregungssignale Sweeps, MLS-Folgen, Rauschen, aber auch nutzerspezifische Signale wie Sprach- oder Musiksamples. Darüber hinaus erlaubt ein TDS Algorithmus mit einem implementierten weißen (linearen) Sweep sogenannte rauschfreie Messungen in natürlicher Umgebung durchzuführen. Klassische Impulsschalltestmessungen, wie sie in der Vergangenheit oft mit Pistolenschussanregungen oder anderen Impulsquellen durchgeführt wurden, sind in einem sogenannten „external signal mode" möglich.

Somit ist die ein- oder mehrkanalig gemessene Impulsantwort (einkanalige Impulsantwort in Abb. 13) Ausgangspunkt eines Postprozessings, das letztendlich zur Ermittlung der bekannten raumakustischen Größen und Energiewerte führt.

3.4 Zeitgrößen

Aus der jeweiligen Impulsantwort (monaurale, binaurale und Achter-Mikrofonmessung) als Funktion des Schalldrucks über der Zeit können im Postprozessing Zeit- und Energiemaße abgeleitet werden.

Man unterscheidet zur Beurteilung der raumakustischen Güte (siehe dazu auch ISO-Standard 3382 [15]) bei Sprachdarbietungen (Unterrichtsraum, Hörsaal, Kongresssaal, Kirche) sowie bei Musikdarbietungen (Konzertsaal, Opernhaus) zwischen „allgemeinen Zeit-Parametern" und den sendeplatz-empfangsplatzbezogenen raumakustischen Gütekriterien für Zuhörer(plätze) sowie bei Musikdarbietungen für Musiker(plätze) und für den Dirigentenplatz.

Zu den wichtigen Zeitmaßen zählen:

- die Nachhallzeiten T_{10}, T_{20} und T_{30},
- die Early Decay Time EDT sowie
- das Bass-Ratio BR.

In der Regel werden diese allgemeinen Kriterien mit einem ungerichteten (omnidirektionalen) Mikrofon gemessen.

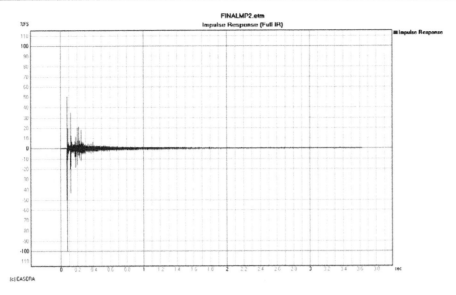

Abb. 13 Monaurale Impulsantwort, dargestellt ist die Amplitude als Funktion der Zeit

Die platzbezogene Beurteilung der raumakustischen Güte bei Sprachdarbietungen erfolgt mithilfe der Gütekriterien (Messung mit Kugelmikrofon):

- 50-ms-Anteil oder Deutlichkeit D_{50}
- Deutlichkeitsmaß C_{50}
- Artikulationsverlust AL_{cons}
- Sprachübertragungsindex STI
- Schwerpunktzeit t_s
- Echokriterium $EK_{Sprache}$ für die Wahrnehmung (störender) Reflexionen (Echos)

Für die platzbezogene Beurteilung der raumakustischen Güte bei Musikdarbietungen wurden für die Zuhörer folgende objektive raumakustische Gütekriterien entwickelt bzw. vorgeschlagen:

- Schallquellenbezogene Kriterien bei Messung mit ungerichtetem Mikrofon:
  - Direktschallmaß C_7 für die Empfindung der Direktheit und Nähe der Schallquelle
  - Klarheitsmaß C_{80} für die Durchsichtigkeit musikalischer Strukturen (Zeit- und Register-Durchsichtigkeit)
  - Stärkemaß G für die am Zuhörerplatz empfundene Lautstärke (Strength) der Musikdarbietung

- Schallquellenbezogene Kriterien bei Messung mit Kunstkopf:
  - Interauraler Kreuzkorrelationskoeffizient IACC für die vom Zuhörer empfundene Schallquellenbreite bzw. -weite (Apparent Source Width ASW)
- Raumbezogene Kriterien bei Messung mit ungerichtetem Mikrofon:
  - Hallmaß R für die vom Nachhall unterstützte akustische „Lebendigkeit" der Musikdarbietung
  - Echokriterium EK_{Musik} für die Wahrnehmung (störender) Reflexionen (Echos) bei Musikdarbietungen
- Raumbezogene Kriterien bei Messung mit Achter-Mikrofon:
  - Seitenschallgrad (Lateral Efficiency, Lateral Fraction) LE und LF für Apparent Source Width (ASW) und das vom (reflektierten) Schall „Eingehülltsein" (Listener Envelopment LEV)
  - Seitenschallgrad (Lateral Fraction Coefficient) LFC, „Eingehülltsein" (Listener Envelopment LEV)
- Für die platzbezogene Beurteilung der raumakustischen Güte bei Musikdarbietungen wurden für die Musiker (Dirigenten) folgende objektive raumakustische

Gütekriterien entwickelt bzw. vorgeschlagen
(Messung mit ungerichtetem Mikrofon):
- Early Ensemble Level EEL für die raum-
  akustische Stützung des Zusammenspiels
  (Ensemble) der Musiker auf dem Podium
- Support ST1 und ST2 für die raum-
  akustische Stützung des Zusammenspiels
  und die akustische Empfindung der Raum-
  antwort auf dem Konzertpodium und im
  Orchestergraben.

Alle diese Maße sind im Anhang A zum vorliegenden Band zusammengestellt.

3.5 Frequenzgrößen

Durch eine Fouriertransformation wird die
Impulsantwort über die komplexe Darstellung
der Übertragungsfunktion in einen Amplituden-
und wenn angefordert auch in einen Phasengang
umgewandelt. Amplitudenverläufe, zumeist auch
Frequenzgänge genannt, werden immer bei Einsatz von Beschallungsanlagen angegeben und
auch als Qualitätskriterium der Schallübertragung
verwendet. In der Raumakustik gibt es klare Aussagen zum Frequenzverlauf der Nachhallzeit,
wobei sogar Toleranzfelder angegeben werden,
denen der aktuelle Frequenzverlauf folgen sollte.

Auf der Grundlage von solchen hoch auf-
gelösten Amplitudenfrequenzgängen werden
Filter eingesetzt, die den Frequenzverlauf glät-
ten. Dadurch werden bestimmte Überhöhungen
und Einbrüche im Frequenzgang kompensiert.
Eine anerkannte Regel aus der Praxis sagt aus,
dass man nur den terzgeglätteten Frequenzgang beurteilen sollte, um hörbare Einbrüche zu
erkennen. Über schmalbandigere Unstetigkeiten
z. B. bei Glättungen mit 1/24 Oktavfiltern integrieren unsere Ohren hinweg, sodass diese Einbrüche im Allgemeinen nicht hörbar sind.

Über der Frequenz sind auch Real- und
Imaginärteile der Übertragungsfunktion genauso
darstellbar wie die Gruppenlaufzeit als (negative) Ableitung der Phase nach der Frequenz.
Z. B. besitzen Filter mit linearer Phase eine konstante Gruppenlaufzeit über der Frequenz. Das
sind u. a. linearphasige FIR-Filter, die für alle
Frequenzen die gleiche Latenzzeit aufweisen.

3.6 Wasserfalldarstellung

Werden beide Darstellungen in der Zeit und der
Frequenz kombiniert, so ergibt sich eine dreidimensionale Darstellung bei der der Pegel in
z-Richtung und die Zeit und die Frequenz in x-
und y-Richtung aufgetragen sind. Durch Setzen
der Bereichswerte für die Zeit und die Frequenz,
der jeweiligen Schrittweite in der Zeit- und der
FFT Größe in der Frequenzebene und durch
Wahl einer geeigneten Fensterung lassen sich
Detailuntersuchungen der Abklingvorgänge in
Räumen leicht durchführen. Durch Wahl pas-
sender Parameter (kleine Zeitschritte, hohe
Frequenzauflösung) sind pegelstarke Reflexionen
frequenzbewertet aufzulösen, was einer Präsenta-
tion sehr nahe kommt, die auch über Wavelet-Be-
rechnungen zu erhalten ist (Abb. 14 und 15).

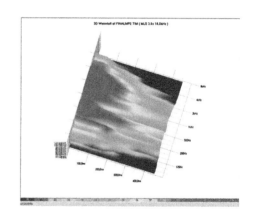

Abb. 14 Teilspektrogramm

Abb. 15 Waveletartige Präsentation

Mit dieser Art der Berechnung des Spektrogramms können Reflexionen in der Impulsantwort sehr frequenzselektiv dargestellt werden.

3.7 Spezielle Anwendungen

Zu den speziellen Anwendungen zählen solche Messungen, die mit Standardmesstechnik nicht zu erfassen ist, wie die Anwendung von besonderen Postprozessing Routinen besonders im Zusammenhang mit Filtern, Fenstern, Mittelungen und Addieren/Subtrahieren von Funktionen. Auch in situ Messungen [17] oder die Messung vom Scattering-Koeffizienten werden nachfolgend erläutert. Nicht erläutert wird die Messung bereits sehr lange eingeführter akustischer Parameter wie Schallabsorptionsgrad oder Wandimpedanzen, hier wird auf die Literatur verwiesen [18].

3.7.1 Filterung und Mittelung

Die Filterung und Mittelung als Werkzeug zur Verringerung und Entfernung von Störgeräusch wurde bereits im Abschn. 2.2 diskutiert. An dieser Stelle sollen noch kurz andere typische Anwendungszwecke erläutert werden.

Die Filterung eines breitbandig aufgenommenen Signals ist auch in der Raumakustik ein gutes Mittel der Rauschunterdrückung. Insbesondere eignet sich ein weiter Bandpass dazu, Störanteile jenseits der oberen und unteren Wahrnehmungsgrenzen zu entfernen, ohne das rein akustische Postprozessing zu beeinflussen. Hochfrequentes Rauschen und tieffrequente Störungen können aufgrund typischer Messbandbreiten von z. B. 50–18 kHz direkt entfernt werden. Bei Störungen, die zwar im auszuwertenden Frequenzbereich liegen, aber in der Frequenz stark lokalisiert sind (Sinustöne u. ä.), bietet sich auch die Verwendung steiler Bandsperren an. Je nach Breite des Filters kann das Ergebnis so verbessert werden.

Allerdings hat die Anwendung der oben genannten Bandpässe naturgemäß keine Auswirkungen auf die meisten raumakustischen Maße, die ohnehin nur für Oktav- und Terzbänder im Hörbereich definiert sind. Für die Filterung der entsprechenden bandbezogenen Impulsantworten gibt es inzwischen Vorgaben [19], die von praktisch allen Messtechnikherstellern eingehalten werden.

PC-basierte Messplattformen müssen software-seitig auch Filter einsetzen, die in analogen Messgeräten direkt in der Hardware realisiert sind. Hierzu zählen insbesondere die Bewertungen wie A-, B-, und C-Bewertung [20]. Da der Datenstrom, der der Software zur Verfügung steht, zunächst breitbandig und unbewertet ist, müssen zusätzliche Verarbeitungsschritte die entsprechende Filterung realisieren.

Auch die Mittelung ist auf PC-basierten Systemen in Teilen als Postprozessing zu integrieren. Dies gilt insbesondere für die Abbildung von Integrationszeiten bzw. Messträgheiten analoger Systeme, damit der Vergleich mit den Ergebnissen aus Messungen mit analogen Geräten möglich wird. Ein typisches Beispiel sind die Zeitkonstanten Slow und Fast aus dem Bereich der Echtzeitanalysatoren [20].

Als weitere Form der Mittelung von Ergebnissen wird in der Raumakustik häufig die räumliche Mittelung vorgenommen. Dabei werden oftmals aus platzbezogenen Ergebniswerten (s. Abschn. 3.4) Werte gebildet, die repräsentativ für einen Bereich oder den ganzen Raum stehen. Richtigerweise wird aber ein solcher Einzelwert zumeist mit einer Varianzangabe versehen, da sonst keine Information über die Streuung im gemittelten Bereich gegeben wird.

Die räumliche Mittelung von Impulsantworten ist dagegen in der Regel schwierig oder nicht sinnvoll. Da die Impulsantwort an sich zunächst als Übertragungsverhalten für eine bestimmte Empfangsposition definiert ist, führt die einfache Durchschnittsbildung zu Problemen aufgrund der enthaltenen Phasen und damit räumlich schnell wechselnden Amplitudenverläufe. Allerdings können Zeitfunktionen (Hüllkurve) und Frequenzgänge (Betrag) häufig energetisch gemittelt werden, weil die Energieverteilung im Raum in den meisten Fällen durchaus eine verhältnismäßig kontinuierliche, d. h. räumlich langsam veränderliche, Funktion darstellt.

Eine weitere spezielle Form der Mittelung wird bei der Berechnung von Streugraden aus Hallraummessungen angewandt. Hierbei wird die Mittelung über Messserien dazu verwendet, Reflexionen aus den Messungen zu entfernen. Auf dieses Verfahren wird im Unterabschnitt 3.7.3, Messung von Scattering-Koeffizienten, genauer eingegangen.

3.7.2 In Situ Messungen des Schallabsoptionsgrades

Akustische Messungen wie die der Nachhallzeit oder die von akustischen Energiemaßen in Innenräumen mithilfe der Messung von Impulsantworten oder Übertragungsfunktionen sind bereits in Abschn. 3.4 besprochen worden. Schwieriger wird es dagegen, wenn bestimmte Teilmessungen durchzuführen sind, die normalerweise in akustischen Sonderräumen, wie z. B. dem Hallraum durchgeführt. Dafür gibt es Standards und die Methode der Messung von Schallabsorptionsgraden im Hallraum ist in einem solchen Standard [18] sehr ausführlich beschrieben.

Was ist aber nun, wenn der Schallabsorptionsgrad α eines Materials zu bestimmen ist, das bereits in einem Saal eingebaut ist. Da gibt es zwei Möglichkeiten:

- man entfernt eine 5...10 m² große Probe des Materials und misst standardgemäß im Hallraum oder
- man misst vor Ort, also in situ.

Die erste Lösung scheidet in der Regel aus, da man dann meistens das Interieur des Raumes zerstört. Also bleibt nur die zweite Methode, die wie folgt durchzuführen ist [21]. Man verwendet eine Messeinrichtung, bei der zwischen einem das Messsignal aussendenden Lautsprecher und dem Messmikrofon eine feste mechanische Verbindung hergestellt ist. Nun werden zwei Impulsantworten gemessen, eine vor einer zu messenden Wand, also mit Direktschall und Reflexionen (Abb. 16) und die andere mit von der Wand weggedrehter Messeinrichtung, um so nur den Direktschall allein zu erfassen (Abb. 17). Der Direktschall der Messeinrichtung kann auch vor dem eigentlichen Messtermin am

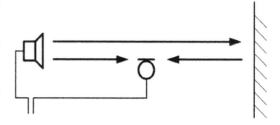

Abb. 16 Schema der in situ Messeinrichtung mit Lautsprecher, dazu fixiertem Mikrofon sowie der zu untersuchenden Wandfläche

besten im reflexionsarmen Raum oder im Freifeld gemessen werden.

Aus den beiden Impulsantworten kann nun im Postprozessing der Reflexionsfaktor r ermittelt werden, wobei zusätzlich noch der laufwegabhängige Pegelunterschied zwischen Direktschall und der ersten Reflexion aus dem Ergebnis herausgerechnet werden muss. Über den Zusammenhang $\alpha = 1 - r^2$ wird schließlich der Schallabsorptionsgrad α ermittelt.

3.7.3 Messung von Scattering-Koeffizienten

In der Raumakustik stellt die Streuung einfallenden Schalls durch die Oberflächen des Raumes einen sehr wichtigen Aspekt dar, z. B. bei der Planung von Konzerthallen und Tonstudios. Ein annähernd homogenes Diffusfeld mit entsprechend exponentieller Abklingcharakteristik tritt nur bei hinreichender Streuung an den Begrenzungsflächen auf. Inwieweit ein solches Diffusfeld erreicht wird, bestimmt signifikant den akustischen Eindruck eines Raums, wobei in der Regel die völlige Homogenität genauso wenig erwünscht ist wie das komplette Fehlen eines Diffusfeldes. Daher ist die Bestimmung der Streueigenschaften von Oberflächen eine praktisch relevante und häufig erforderliche Messaufgabe. Erst vor einigen Jahren wurde für diese Problemstellung ein geeignetes Messverfahren entwickelt (ISO 17497 [22] und Mommertz [23, 24]). Dieses kann sowohl maßstäblich als auch in realer Größe angewendet werden.

In diesem Verfahren wird der Streugrad s als Maß verstanden, das den Anteil der reflektierten

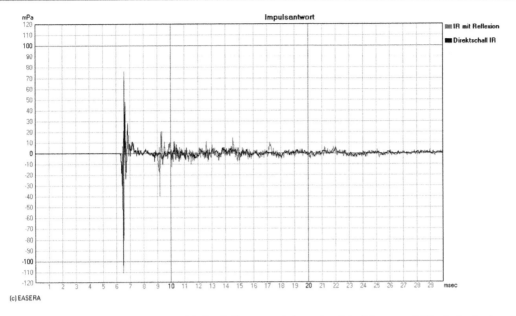

Abb. 17 Beispielhafte Impulsantwort der Direktschallmessung (schwarz) und der Messung mit Wandreflexion (grau)

Energie E_{ref} beschreibt, die nicht geometrisch (E_{geo}) zurückgeworfen wird:

$$s = 1 - \frac{E_{\text{geo}}}{E_{\text{ref}}} \qquad (13)$$

Diese Größe s findet auch Verwendung in der Simulation des Raumübertragungsverhaltens in Softwarepaketen (EASE AURA, CATT, ODEON [25]). Die Definition ist nicht zu verwechseln mit der Diffusität einer streuenden Oberfläche nach Cox und D'Antonio [26], welche die Homogenität der reflektierten Energie über dem Raumwinkel beschreibt.

Das Messprinzip besteht nun darin, die für verschiedene Winkel gemessenen Impulsantworten der Reflexion am Material direkt im Zeitbereich zu mitteln und dadurch den Streuanteil der Antwort vom geometrischen Anteil zu separieren.

In einfachster Form werden dabei Impulsantworten für eine ausreichend große Materialprobe im Freifeld gemessen. Die Messungen erfolgen unter verschiedenen Winkeln bei Drehung der Probe in der Ebene senkrecht zur Flächennormalen sowie fester Mikrofon- und Lautsprecherposition, wobei sich der gestreute Anteil der Impulsantwort mit jeder

Messung zufällig verändert, während der geometrische (oder kohärente) Anteil der Antwort unverändert bleibt. Anschließend werden alle gemessenen Impulsantworten gemittelt. Unter der Annahme statistischer Unabhängigkeit der gestreuten Komponenten kann durch Vergleich einer der gemessenen Impulsantworten mit dem Ergebnis der Mittelung ein Energieverlust abgeleitet werden, der direkt dem gestreuten Anteil entspricht (Abb. 18).

In der Praxis erfolgt die Messung zumeist in einem Hallraum. Die Probe wird dabei auf einen drehbaren Tisch montiert. Werden nun Impulsantwortmessungen bei rotierendem Tisch vorgenommen, so findet der Mittelungsprozess automatisch statt, vorausgesetzt, die Messdauer ist von ausreichender Länge (mindestens eine volle Rotation). Alternativ kann der Tisch auch schrittweise gedreht werden (bei Messungen in realer Größe kann das Motorgeräusch eine signifikante Störung darstellen), dann müssen die Einzelmessungen im Anschluss gemittelt werden.

Abschließend ist anzumerken, dass das Verfahren einerseits relativ empfindlich gegenüber Schwankungen der Umgebungsbedingungen, wie Lufttemperatur und -feuchte, ist, andererseits

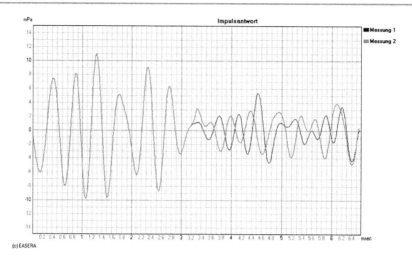

Abb. 18 Beispiel zweier bandgefilterter Impulsantworten mit kohärentem geometrischen Anteil und unkorreliertem späteren Teil

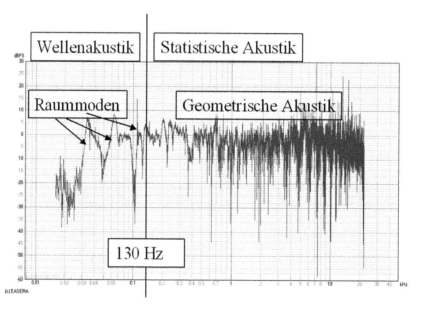

Abb. 19 Raummoden im tieffrequenten Bereich eines gemessenen Spektrums; hier dargestellt der logarithmierte Betrag als Funktion der Frequenz

aber auch große Sorgfalt beim Aufbau und den Probeneigenschaften, wie Größe und Rand, erfordert. Für weitere Details sei auf die genannten Referenzen verwiesen.

3.7.4 Modenanalyse

In der Raumakustik treten störende Moden besonders in kleinen Räumen auf, unterhalb der sogenannten Schröderfrequenz

$$f_{\text{Schröder}} = 2000\,\text{Hz} \cdot \sqrt{(T\,/\,V)} \quad (14)$$

wobei T die Nachhallzeit in Sekunden und V das Raumvolumen in m^3 darstellt. Für ein kleines Studio von 55 m^3 mit $T = 0{,}23$ s, erhalten wir z. B. $f_{\text{Schröder}} \approx 130$ Hz, siehe Abb. 19.

In Abschn. 3.6 wurde die Wasserfalldarstellung bereits als typisches Werkzeug zur Analyse spektraler Veränderungen mit der

Abb. 20 Wasserfalldarstellung
einer Raumimpulsantwort: Pegel
über Zeit und Frequenz

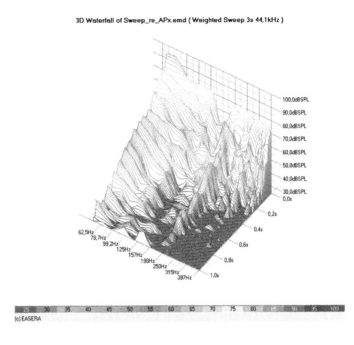

Zeit eingeführt. Diese Darstellungsform, auch Spektrogramm genannt, eignet sich vor allem auch für die Modenanalyse und Untersuchung von Raumresonanzen bzw. Eigenfrequenzen. Neben den typischerweise zeitlich lokalisierten Reflexionen können auf diese Weise auch zeitlich periodische oder konstante Muster identifiziert werden. Diese deuten in der Regel auf das Vorhandensein von Raummoden hin.

Als Beispiel ist in Abb. 20 eine sogenannte Wasserfalldarstellung (3D-Darstellung: Pegel über Zeit und Frequenz) für eine Raumimpulsantwort von 1 s Länge in einem Studio dargestellt. Deutlich sichtbar sind hier Modenerscheinungen bei 200 Hz und 300 Hz. Unter 100 Hz erkennt man tieffrequente Störpegel.

4 Anwendung in der Beschallungstechnik

4.1 Elektrische Überprüfung

4.1.1 Subjektive Kontrolle

Vor Inbetriebnahme einer Beschallungsanlage ist zuerst immer eine elektrische Überprüfung der Zusammenschaltung und der Qualität der Signalübertragung erforderlich. Dabei kann man sich bei kleineren oder mobilen Anlagen auf eine subjektive Kontrolle beschränken oder diese ergänzend zu Messungen durchführen.

Nach Einschalten von Anlagen treten manchmal folgende, elektrisch bedingte Störungen mit folgenden, typischen Ursachen auf:

- Brummen
  - Vorhandensein von Erdschleifen, d. h. die Anlage weist mehrere Erdungspunkte auf, zwischen denen ein Potenzialgefälle besteht, sodass ein ausgleichender Erdstrom fließt, der über einem zwischenliegenden Widerstand die Brummspannung verursacht,
  - Offen liegender hochohmiger Eingang mit nachfolgender Verstärkung,
  - Verpolung der Netzspannung zwischen verschiedenen Teilen der Anlage;
- elektrische Schwingneigung
  - zu geringer Abstand zwischen Lautsprecher- und Mikrofonleitung und hohe dazwischen herrschende Verstärkung,
  - offener Eingang eines Kanals mit nachfolgender hoher Verstärkung;

- Aussetzer bei Spitzenpegeln
  - Übersteuerungen eines oder mehrerer Leistungsverstärker,
  - starker Übersteuerung eines Limiters,
  - übermäßig hochohmiger Abschluss eines Leistungsverstärkers;
- tiefenbetonte, dumpfe Wiedergabe oder periodisches Aussetzen der Wiedergabe („Blubbern")
  - niederohmige Fehlanpassung des Leistungsverstärkerausgangs (z. B. Kurzschluss in der Leistungsleitung oder Überlastung infolge falscher Anpassungsübertrager);
- höhenbetonte („spitze") Wiedergabe
  - Unterbrechung der Tonleitung auf der Eingangsseite der Leistungsverstärker (kapazitive Ankopplung des Signals),
  - einpolige Ankopplung des Leistungsverstärkers;
- Verminderte Tiefenwiedergabe zwischen zwei Lautsprechern bei Wiedergabe eines kohärenten Signals
  - Verpolung eines Lautsprecheranschlusses;
- Störung durch HF-Einstreuung bei Einwirkung einer Thyristor-Lichtstellanlage (maximale Wirkung bei halbheller Einstellung)
  - zu geringer Abstand zwischen den Starkstromleitungen der Beleuchtungsanlage und den am Eingang der Beschallungsanlage liegenden Tonleitungen (Mindestabstand von 500 mm ist einzuhalten),
  - fehlende Entstörung der Lichtstellanlage (Dimmer), kann durch induktive Abblockung vorgenommen werden.

4.1.2 Elektrisches Einmessen

Beim elektrischen Inbetriebsetzen und Einmessen einer größeren Beschallungsanlage bestehen eher höhere Qualitätsansprüche, da der vorrangige Livebetrieb bei Beschallungsanlagen dies erfordert.

Einige besonders für Beschallungsanlagen wichtige Messungen:

- Überprüfung sämtlicher ankommender und abgehender Leitungen in Hinblick auf
  - Durchgang und Leitungsdämpfung,
  - Polarität (A-B-Vertauschung),

  - Symmetrie erdfreier Leitungen (symmetrische Leitungen sind unsymmetrischen besonders bei langen Übertragungsstrecken immer vorzuziehen, da bei ihnen die induktiven und kapazitiven Störungen sich selbst aufheben können),
  - Übersprechen,
  - Störpegelabstand;
- Überprüfung der elektrischen Pegel an den Ein- und Ausgängen der Teileelemente der gesamten Anlage nach einem vorher festgelegten Pegeldiagramm. Dieses Pegeldiagramm berücksichtigt die zu erwartende obere Grenze der Störspannung und den maximalen Aussteuerungsbereich der Anlage. Nur bei Einhaltung dieser Werte kann die maximale Dynamik der Anlage ausgeschöpft werden;
- Kontrolle sämtlicher Schaltfunktionen in den Mischpulten, den Verteilungs- und Bearbeitungseinrichtungen (das gilt besonders für sämtliche Umschalter, Dämpfungssteller und Filter);

4.2 Akustisches Einmessen der Beschallungsanlage

4.2.1 Vorbemerkung

Bei jeder akustischen Einmessung einer Anlage sind im vorhinein die raumakustischen Gegebenheiten des Raumes mit zu erfassen, um zu entscheiden, ob die Qualität der Schallübertragung der Beschallungsanlage durch die nicht angepassten raumakustischen Parameter des Raumes negativ beeinflusst wird. (Bei verantwortungsvoller Planung der Beschallungsanlage ist das natürlich schon vorher geklärt worden, sodass Überraschungen ausgeschlossen sein sollten).

Somit beginnt also die akustische Einmessung (oder auch Qualitätsüberprüfung) einer bestehenden Anlage auch hier mit der Festlegung der Messorte, siehe Abschn. 3.2.

Die akustische Einmessung einer Beschallungsanlage beginnt zunächst mit der Überprüfung der Voraussetzungen, die bei der Erarbeitung der Beschallungskonzeption angenommen wurden wie

- Nachhallzeit,
- Verständlichkeit ohne Beschallung an verschiedenen, für den Raum repräsentativen Plätzen,
- Schallpegelverteilung ohne elektroakustische Anlage,
- Störschallpegel im Saal.

Nachhallzeitmessungen (vorzugsweise mit Anregung durch einen Dodekaeder-Lautsprecher) sind für alle Raumvarianten durchzuführen, in denen die Beschallungsanlage eingesetzt wird. Dabei ist es zweckmäßig, auch den Frequenzgang der Nachhallzeit, wenn möglich für den besetzten und unbesetzten Raum, an mehreren Messorten zu ermitteln. Zu den interessierenden Raumvarianten können bei Theatern auch unterschiedliche Bedingungen des Bühnenhauses zählen, wie die offene und die geschlossene Bühne sowie extrem unterschiedliche Bühnendekorationen. Außerdem können dazu verschiedene Saal- und Podiumskonfigurationen gehören, wie sie heute besonders bei Mehrzwecksälen anzutreffen sind.

Verständlichkeit und Schallpegelverteilung ohne elektroakustische Anlage werden aus den raumakustischen Überprüfungsmessungen abgeleitet. Auch können u. U. raumakustische Daten den Messprotokollen des akustischen Beraters entnommen werden.

Zu den akustischen Überprüfungsmessungen gehört auch die Ermittlung des Störschallpegels und seines Frequenzganges im Rezeptionsbereich. Auch hier sind ggf. unterschiedliche Raumvarianten zu berücksichtigen.

Nach Kenntnis dieser raumakustischen Gegebenheiten erfolgt die Ermittlung der Wirkungsweise der Beschallungsanlage. Dazu erfolgen wieder computergestützte Messungen zur Erfassung von entsprechenden Impulsantworten, wobei hier wegen Mangels an binauralen Gütekriterien z. Z. noch meist mit einem ungerichteten Mikrofon als Schallaufnehmer gearbeitet wird.

4.2.2 Ermittlung der Schallpegelverteilung

Ausgehend von der gemessenen Impulsantwort eignet sich das Stärkemaß G nach Lehmann [27] in hervorragender Weise, die im Raum oder der Freifläche herrschende Schallpegelverteilung zu ermitteln. In Abwandlung zur Anwendung in der Raumakustik (Einsatz einer ungerichteten Schallquelle) wird der Schalldruck an den Messplätzen der Beschallungsanlage auf den Direktschallpegel an einem Referenzplatz (z. B. Front-of-House-Platz oder Regieplatz) bezogen. Es kann natürlich auch auf den am Referenzplatz herrschenden Gesamtpegel bezogen werden. Diese Freiheit ist erlaubt, da es bei der Einmessung einer Beschallungsanlage keine diesbezüglichen Vorschriften gibt.

Die an den einzelnen repräsentativen Messplätzen ermittelten Stärkemaße werden dann entweder in tabellarischer Form oder als Mapping-Bilder (ähnlich zu Simulationsergebnissen) zusammengestellt. Dazu gibt es entsprechende Softwarepakete, die die Daten graphisch eindrucksvoll darstellen lassen, vgl. Abb. 21.

Oft wird auch noch als anregendes Messsignal ein breitbandiges rosa Rauschen verwendet. Dieses Signal ist weitgehend unempfindlich gegen Interferenzen, wie sie in geschlossenen Räumen, oder vor großen reflektierenden Flächen auftreten, und es kann den gesamten Übertragungsbereich des oder der Schallstrahler repräsentativ abdecken.

Ist damit zu rechnen, dass die Messungen im unteren Frequenzbereich stark durch Störgeräusche (z. B. Lüfter- oder Verkehrsgeräusche) beeinflusst werden, so empfiehlt es sich, das Messsignal empfangsseitig mit der Frequenzbewertungskurve A zu filtern, um so ähnlich dem Ohr Störungen zu unterdrücken.

Die Messungen sollten sowohl einzeln für die wesentlichen Beschallungsteilgruppen als auch für alle in einem System zusammenwirkenden Lautsprechergruppen durchgeführt werden. Bei den Messungen der Teilgruppen

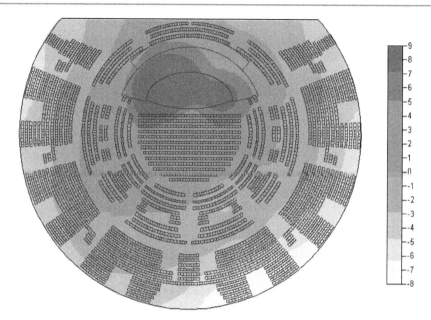

Abb. 21 Gemessene Stärkemaßverteilung in einer Stadthalle

brauchen nur die Bereiche erfasst zu werden, die im zugehörigen Versorgungsbereich liegen bzw. in denen Störungen durch diese Teilgruppen ausgelöst werden können. Bei mehrkanaligen Beschallungsanlagen sind beispielsweise benachbarte Bereiche mit zu berücksichtigen, um die gegenseitige Beeinflussung (wie mögliche Fehllokalisation) mit zu erfassen.

Die Pegeldifferenz zwischen dem höchsten und dem niedrigsten gemessenen Schallpegel der Anlage sollte an den Hörerplätzen möglichst kleiner als ± 3 dB, auf jeden Fall kleiner als ± 5 dB sein.

Zusätzlich interessiert natürlich noch die spektrale Verteilung des Schallpegels am jeweiligen Hörerplatz. Ist die Wiedergabe zu „spitz", dann fehlen die tiefen Frequenzen oder im Gegenteil zu tiefenbetont, dominieren diese. Zur Objektivierung dieses Verhaltens sind Frequenzgangmessungen notwendig. Dazu wurde in der Vergangenheit und auch noch oft heutzutage ein Echtzeitanalysator eingesetzt, der sofort die spektrale Verteilung des Messsignals am Messort zur Anzeige bringt. Mit Einführung der computergestützten Messwerterfassung wird das Spektrogramm oder auch die dreidimensionale Darstellung Pegel-Zeit-Frequenz (sogenannte

Wasserfalldarstellungen) direkt aus der Impulsantwort abgeleitet (Abb. 14 und 15 basieren auf der Impulsantwort gemäß Abb. 13).

4.3 Maximaler Schalldruckpegel

In einigen Vorschriften und Empfehlungen für Arenen und Mehrzweckhallen oder Stadien wird oft von maximalen Pegeln um 100 bis 105 dB(A) gesprochen. Dabei ist oft nicht klar, ob es sich um Direktschall oder um den Gesamtschall handelt. Der Fußballverband FIFA schreibt in seinem aktuellen Regelwerk Gesamtschallpegel vor, die 6 dB über dem Störschall liegen sollen. Der maximale Störschallpegel wird dabei mit 110 dB(A) (!) angegeben [28]. Diese Werte werden in der Praxis aber kaum benötigt und sind auf Dauer gesundheitsgefährdend. Die Basketballorganisation FIBA verlangt dagegen „nur" 95 dB(A). Oft wird der Pegel, der bei Rock- und Popkonzerten zu erzielen ist, als Maßstab genommen, dabei hatten die Autoren mit Pegelforderungen bis zu 120 dB(A) (!?) zu tun, die natürlich auch bei kurzer Einwirkungsdauer extrem gesundheitsgefährdend sind. Die Norm DIN 15905-5,

Ausgabe 2013-02 [29] weist einen Beurteilungs-pegel von Lr = 99 dB(A) aus, bezogen auf eine Beurteilungszeit T_r von 2 h (nach Normentwurf Leq = 99 dB(A), der für jede volle halbe Stunde (20:00–20:30, 20:30–21:00, usw.) nicht über-schritten werden darf, dabei Spitzenschalldruck-pegel von Lpeak = 135 dB(C)).

Da Musikveranstaltungen in Hallen oder ähnlichen Räumlichkeiten, auch Stadien oft länger dauern, sollte dieser Pegel eingehalten werden. Notrufdurchsagen kurzer Dauer kön-nen und müssen dagegen lauter sein, da sie die Geräuschkulisse der Zuschauer übertönen müssen. Hier sind mittlere Gesamtpegel bis zu 110 dB(A) denkbar, höhere Pegel wer-den mit Festinstallationen kaum erreicht und sind darüber hinaus in jedem Fall mit star-ken Gehörbeeinträchtigungen, meist natür-lich nur vorübergehend (starke zeitweilige Hörschwellenverschiebung), verbunden.

Als zu erzielender Gesamtpegel soll hier des-halb von 105 dB(A) ausgegangen werden. Zu messen ist dieser Pegel am einfachsten mit einer Anregung mit rosa Rauschen, wobei dann am tragbaren, geeichten Schallpegelmesser der Wert abgelesen werden kann. Auch sind dadurch an der Anlage Einstellungen zu ermitteln, die diesen maximalen Pegel erzeugen. Durch Plombierung der Pegelstellung kann dann eine Überschreitung dieses Grenzwertes zu Schaden verursachenden höheren Pegeln verhindert werden.

4.3.1 Messung des Wiedergabefrequenzganges

Aufgrund

- der unterschiedlichen Frequenzabhängig-keit des Direktschallpegels der Lautsprecher und des im diffusen Schallfeld dieser Laut-sprecher gemessenen Pegels (Einfluss der Richtcharakteristik der Schallstrahler),
- der Unterschiede der äquivalenten Schall-absorptionsfläche des zu versorgenden Raumes,
- der unterschiedlichen Abstrahlbedingungen aufgrund der Anordnung der Schallstrahler und
- der Empfangsbedingungen am Hörerplatz infolge von Interferenzen des einfallenden Direktschalls mit reflektiertem oder von anderen Schallstrahlern abgestrahltem Schall

ergeben sich im Rezeptionsbereich z. T. starke Beeinflussungen des Wiedergabepegels.

Aus der am Hörerplatz gemessenen Impulsantwort kann dann leicht durch eine Fourier-Transformation auf die Darstellung des Frequenzganges übergegangen werden.

Durch entsprechendes Equalising kann anschließend der Frequenzgang geglättet wer-den. Zu beachten ist dabei aber folgendes:

1. Die Messungen des Wiedergabefrequenz-ganges ist an mehreren Messplätzen durchzuführen, dies deshalb, da elektri-sche Korrekturen im Frequenzgang der Beschallungsanlage sich global auswirken. Das Raster der Messplätze ist ähnlich dem zur Bestimmung der Schallpegelverteilung aufzubauen, es kann jedoch etwas weit-maschiger gewählt werden.

2. In kleineren Räumen mit hohem Diffus-schallanteil kann an wenigen typischen Stel-len gemessen werden, jedoch ist auch hier zu gewährleisten (z. B. durch Messungen in der unmittelbaren Umgebung der Messposition), dass keine Zufallsergebnisse ermittelt werden.

3. Um auch Verzerrungen im Übertragungs-kanal mit zu erfassen, wird das Testsignal in manchen Fällen schon am Eingang des Mischpultes eingespeist.

4. Durch Equalisieren sollte eine glatte Wieder-gabekurve, die aber durchaus nicht in jedem Fall linear und an jedem Platz gleich sein muss, angestrebt werden. Ein linearer (also glatter) Frequenzgang ist nur für den bühnen-nahen Bereich wichtig. In großen Sälen entspricht in größerer Entfernung von den Originalquellen ein Höhenabfall den Hör-gewohnheiten, sodass bei linearem Frequenz-gang die Wiedergabe als zu „scharf" oder „spitz" empfunden würde.

5. Es muss darauf hingewiesen werden, dass bestimmte, durch Interferenz des Direktschalls mit Reflexionen von Raumbegrenzungs-flächen, z. B. der Bodenreflexion, verursachte Beeinflussungen des Frequenzganges nicht oder nur bedingt ausgeglichen werden können.

Toleranzbereiche von anzustrebenden Wieder-gabekurven für unterschiedliche Anwendungsfälle

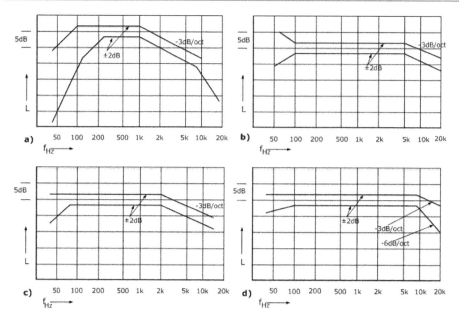

Abb. 22 Toleranzvorgaben für Wiedergabekurven für unterschiedliche Genres: **a** Empfohlene Wiedergabekurve für Sprachvertärkungsanlagen; **b** Empfohlene Wiedergabekurve für Studioabhöreinrichtungen (Monitore); **c** Internationale Wiedergabekurve für Filmvorführanlagen; **d** Empfohlene Wiedergabekurve für lautstarke Rock- und Popmusik

gibt Mapp [30] an (Abb. 22). Man erkennt, dass für den Pegelabfall im oberen Frequenzbereich unterschiedliche Grenzfrequenzen vorgegeben werden, wobei lautstarke Rock- und Popmusik den glattesten Pegelverlauf wünscht. Ein Höhenabfall mit der Entfernung von der Schallquelle ist hier eher unerwünscht.

Auch werden Korrekturen im Frequenzgang zur Unterdrückung von Mitkopplungserscheinungen eingesetzt. Da Mitkopplung immer bei der Frequenz einsetzt, bei der die Übertragungskurve (am verstärkten Mikrofon) das stärkste Maximum aufweist, lasst sich die Mitkopplungsgrenze nach höheren Werten der Schleifenverstärkung verschieben, wenn dieses Maximum mithilfe eines Filters nivelliert wird. Mit geeigneten Schmalbandentzerrern (Notch-Filter) lassen sich so nacheinander mehrere Mitkopplungseinsätze beseitigen und damit die Mitkopplungsgrenze wesentlich verschieben.

Die beschriebenen Überprüfungen und Korrekturen der Wiedergabekurve oder des akustischen Frequenzganges gehören heute weitgehend zur Routine bei der Inbetriebsetzung von Beschallungsanlagen. Das kann z. B. bei

Anlagen mit zahlreichen Bühnen-, Effekt- und Hauptlautsprechern dazu führen, dass vor jeder Veranstaltung ein derartiger „sound check" an wenigen typischen Plätzen vorgenommen wird, um die Wirkung der getroffenen Lautsprecher- und Filtereinstellungen zu kontrollieren. Moderne Messmethoden verwenden die während der Proben auftretenden Sprach- oder Musiksignale, um daraus ohne Störung des Probenablaufs Korrekturen für den Wiedergabefrequenzgang abzuleiten [12, 13, 14, 39].

4.3.2 Ermittlung der Sprachverständlichkeit STI

Die Bestimmung der STI-Werte einer Beschallungsanlage beruht auf der Messung der Verringerung der Signalmodulation zwischen dem Ort der Schallquelle, z. B. auf der Bühne und dem Empfangsmessplatz bei Oktavmittenfrequenzen von 125 Hz bis 8000 Hz. Dazu wurde von Steeneken und Houtgast vorgeschlagen, den auszumessenden Raum mit einem speziellen modulierten Rauschen anzuregen und dann die sich verringernde Modulationstiefe zu messen [31]. Schröder konnte nachweisen, dass die

STI-Werte auch aus der gemessenen Impuls-antwort ableitbar sind [32], was mit modernen computergestützten Messverfahren wie z. B. EASERA zumeist gemacht wird.

Steeneken und Houtgast gingen davon aus, das nicht nur Nachhall und Störgeräusche, sondern allgemein alle fremden Signale bzw. Signalver-änderungen, die auf dem Wege zwischen Quelle und Hörer auftreten, die Sprachverständlichkeit herabsetzen. Um diesen Einfluss zu ermitteln, nutzen sie die Modulationsübertragungsfunktion MTF (Modulation Transfer Function) für akusti-sche Zwecke. Das vorhandene Nutzsignal S (Sig-nal) wird zum herrschenden Störsignal N (Noise) ins Verhältnis gesetzt. Der dabei ermittelte Modulationsreduktionsfaktor $m(F)$ ist eine Größe, die die Beeinflussung der Sprachverständlichkeit charakterisiert:

$$m(F) = \frac{1}{\sqrt{1 + (2\pi F \cdot T / 13{,}8)^2}}$$
$$\cdot \frac{1}{1 + 10^{-\left(\frac{S/N}{10\,dB}\right)}} \quad (15)$$

Mit F Modulationsfrequenz in Hz, T Nachhall-zeit in s, S/N Signal-Stör-Verhältnis in dB.

Näheres in der Anlage A zu diesem Band.

Um das relativ aufwendige Verfahren prak-tikabler zu machen, sodass es schon um 1990 im „Echtzeitbetrieb" verwendet werden konnte, wurde das RASTI-Verfahren (Rapid Speech Transmission Index) entwickelt [34], siehe Anlage A.

Ein nach 2000 entwickeltes Verfahren zur Beurteilung von Beschallungsanlagen setzt dagegen wieder die Anregung mit modulier-tem Rauschen voraus, sodass der STIPa-Wert nicht aus einer Impulsantwort direkt abgeleitet werden kann. Das Frequenzspektrum dieses Anregungsrauschens ist im Abb. 23 dargestellt.

Man erkennt 1/2 Oktavband-Rauschen, das über die auszumessende Lautsprecheranlage in den zu beurteilenden Raum abgestrahlt wird. Mittels eines einfachen transportablen Empfängerteils ist dann an beliebigen Empfangsplätzen im Raum der STIPa-Wert ablesbar [9, 10]. Die Methode eignet sich besonders für den Einsatz bei Nichtfachleuten, da kein spezielles technisches Wissen voraus-gesetzt wird. Das Verfahren wird zunehmend zur Prüfung von Anlagen zur Notrufabstrahlung (EN 50849, [35]), aber noch mehr zur Prü-fung von Sprachalarmanlagen SAA (DIN VDE 0833-4 [33]) sinnvoll eingesetzt.

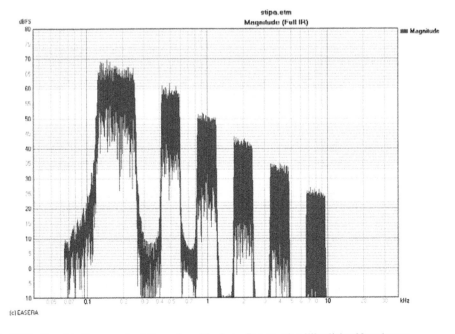

Abb. 23 STIPa Signal in Frequenzdarstellung, logarithmierter Betrag mit willkürlicher Normierung

Tab. 1 Subjektive Beurteilung der STI-Werte

Silbenverständlichkeitsurteil	STI-Wert
Schlecht	0…0,3
Schwach	0,3…0,45
Angemessen	0,45…0,6
Gut	0,6…0,75
Ausgezeichnet	0,75…1,0

Subjektive Beurteilung der STI-Werte

Nach subjektiven Untersuchungsergebnissen werden nach Tab. 1 die STI- und natürlich auch die STIPa-Werte den subjektiven Werten für die Silbenverständlichkeit zugeordnet [9, 36].

4.3.3 Rauhigkeiten und Fehlortung

Bei räumlich verteilten Lautsprechern, ob mit oder ohne Verzögerung, besteht die Gefahr, dass die Wellenfronten eines abgestrahlten Signals beim Hörer zu unterschiedlichen Zeiten eintreffen. Überschreitet die Zeitdifferenz zwischen zwei Wellenfronten 30 ms, so kann die Deutlichkeit der Übertragung herabgesetzt sein, bei Zeitdifferenzen von mehr als 50 ms kann es sogar zu Echostörungen kommen.

Solche Echos oder Rauhigkeiten können bei der fertiggestellten Anlage auftreten, wenn

- der Anbringungsort der Schallstrahler (z. B. aus bautechnischen Gründen) geändert werden musste,
- starke Reflexionen auftreten,

- sich die Schallpegelverhältnisse zwischen den einzelnen Schallstrahlern oder Schallstrahlergruppen ändern,
- Fehler bei der Einstellung der Zeiten einer Verzögerungseinrichtung aufgetreten sind.

Um die Zeitstaffelung der am Hörerplatz eintreffenden Lautsprechersignale zu überprüfen, können z. B. die Impulsantworten analysiert werden. Es werden nacheinander ein Lautsprecher in Bühnennähe und anschließend die jeweils folgende Lautsprechergruppe zugeschaltet. So kann der Einfluss der einzelnen in der Tiefe gestaffelten Gruppen getrennt voneinander erkannt werden. Abb. 24 zeigt ein Impulsbild, aus dem eine Fehlortung des Direktsignals hervorgeht.

Das Messverfahren ist hinreichend genau zum Feststellen oder Ausschließen von Laufzeitstörungen (Echos, Kammfiltereffekte im allgemeinen, zu geringe Deutlichkeit), es genügt aber nicht zur Ermittlung der zu Fehllokalisationen führenden Schallquellen, die als elektroakustische Simulationsquelle eines schwachen Originalschalls wirken sollen. In diesem Fall muss zusätzlich zum Energie-Zeit-Verhalten noch dessen Frequenzverhalten ermittelt werden.

Die Gefahr von Fehllokalisationen besteht nicht, wenn innerhalb von 30 ms nach dem auslösenden Impuls dessen Pegel um nicht mehr als 10 dB überschritten wird bzw. im Bereich von 30 bis 60 ms um nicht mehr als 6 dB (Gesetz der ersten Wellenfront [37]).

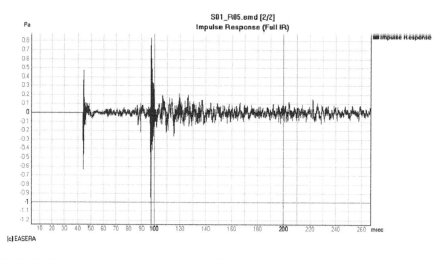

Abb. 24 Beispielhafter Ausschnitt aus einer gemessenen Impulsantwort mit starkem Lautsprecherpegel (ab 90 ms) bei schwachem Originalschall auf Bühne (bei ca. 44 ms)

4.3.4 Subjektive Beurteilung

Neben objektiven Messverfahren können bei der Inbetriebsetzung einer Beschallungsanlage auch subjektive Verfahren zur Gesamtbeurteilung der Anlage notwendig sein, z. B., wenn keine geeigneten objektiven Verfahren zur Verfügung stehen oder noch nicht als genügend abgesichert angesehen werden können oder wenn auch sehr subjektive, komplexe Qualitäten, wie die Art der Bedienung der Anlage oder der Einsatz bestimmter Effektgeräte, mit einbezogen werden sollen.

Bekannt ist die *Bestimmung der Silbenverständlichkeit* mithilfe von nicht sinnhaften „Wörtern" (Logatomen) [38]. Nur bei korrekter Wahrnehmung kann das jeweilige Logatom erkannt werden, Erraten ist unmöglich. Das Verhältnis von verstandenen zu vorgelesenen Logatomen ist ein Maß für die subjektive Silbenverständlichkeit.

Weit komplexer ist die *subjektive Gesamtbeurteilung* einer Anlage durch einen Hörtrupp. Derartige Beurteilungen sind besonders wichtig, wenn die Anlage auch zur Beeinflussung raumakustischer Parameter genutzt wird.

Der Hörtrupp besteht i. A. aus 5 … 20 Personen, die möglichst gleichzeitig mehrere Platzgruppen im Auditorium testen. Dabei sollten unterschiedliche, typische Programmbeispiele benutzt werden, und nach jedem Test sollten die beurteilenden Personen die Platzgruppe wechseln. Die subjektiven Testergebnisse werden in vorbereitete Fragebögen eingetragen, die dann statistisch auszuwerten sind.

4.4 Weitere Messungen

4.4.1 Alignment-Messungen

Unter Alignment-Messungen versteht man akustische Messungen zur Ermittlung kohärenter Wellenfronten. Bei Aufbauten von Lautsprecherarrays muss es Ziel sein, dass die Wellenfronten aller Einzelsysteme möglichst zur gleichen Zeit im Bereich der Hörerflächen ankommen. Bei räumlicher Ausdehnung der Cluster ist das ohne weiteres nicht der Fall. Somit werden zumeist Mikrodelays nötig, um die unterschiedlichen Laufzeiten der einzelnen Systeme auszugleichen. Bei der Einmessung wird die Laufzeitverzögerung des am spätesten eintreffenden Systems als Referenz angenommen und dann alle anderen Systeme im Cluster durch Vergleichsmessungen der Impulsantwort so stark elektronisch verzögert, dass Kohärenz der einzelnen Wellenfronten eintritt.

Automatisch werden dadurch als Verzerrung wahrnehmbare Kammfiltererscheinungen beseitigt, die Arrayanordnung ist somit abgestimmt, d. h. „aligned".

Es gibt eine Vielzahl von Möglichkeiten, diese Alignment-Einstellungen messtechnisch zu ermitteln. Am einfachsten ist es, wenn die Messeinrichtung die Impulsantwort des Referenzsystems unverändert und gespeichert anzeigt, während die anderen Systeme grafisch überlagert (als Overlay) im Anzeigedisplay erscheinen. Durch Einfügen des elektronischen Delays in die Overlay-Messung des jeweiligen Beschallungsweges kann dann der Direktschall dieses Weges oder Kanals mit dem des Referenzkanals in Deckung gebracht werden. Danach wird auf das nächste System im Overlaymode geschaltet und die Prozedur beginnt von neuem.

Natürlich gilt hier, wie auch beim Equalisieren, dass bei ausgedehnten Hörerzonen stets ein Kompromiss für alle Plätze zu finden ist, da ein exakter Zeitabgleich aller beteiligten Einzelsysteme immer nur für einen spezifischen Empfangspunkt vorgenommen werden kann. Häufig sind daher mehrere Iterationen im Einstellungsprozess nötig, um ein gutes Ergebnis zu erzielen.

4.4.2 Rückkopplungstest

Eine negative Erscheinung bei Betrieb von Beschallungsanlagen ist das Einsetzen von „Heulen und Pfeifen" der Anlage, nämlich dann, wenn die Mitkopplungsschwelle erreicht ist. Der Lautsprecher wirkt dann so stark auf das angeschlossene Mikrofon zurück, dass die Mitkopplung einsetzt. Bei Betrieb und besonders beim Einstellen der Lautstärke von Beschallungsanlagen ist oft zu beobachten, dass die Musiker die Verstärkung bis zum Einsatz der Mitkopplung erhöhen, um dann unter dieser Schwelle die Anlage zu betreiben. Diese Art einen Mitkopplungstest durchzuführen ist natürlich störend.

Besser ist es dagegen, einen Echtzeitanalysator (RTA) parallel zur Rückkopplungsschleife zu schalten, um dann das Aufschaukeln einzelner Frequenzen zu beobachten. Dann kann man durch schmalbandiges Filtern diese Spitzen bedämpfen und somit mehr Rückkopplungssicherheit schaffen. Heute werden anstelle der RTA's softwaregestützte Anzeigemethoden verwendet, die ähnlich den Abb. 15 oder 20 sofort und in Echtzeit das Einsetzen der Mitkopplung sichtbar machen. Auch sind dann sofort Schmalbandfilter aktivierbar, die das Einsetzen der Rückkopplung durch die bereits erwähnte schmalbandige Pegeldämpfung verhindern.

4.4.3 Polungstest

Bei entgegengesetzter Polung zweier benachbart angeordneter Lautsprecher, die mit dem gleichen Signal betrieben werden, treten Auslöschungen in einem schmalen Bereich vor den Strahlern auf (im Bereich der gleichen Weglänge). Neben sogenannten Polungs-Checkern, die nach impulsartiger Anregung der Lautsprecher die richtige Polung mittels optischer Signale anzeigen, kann die richtige Polung auch durch Ermittlung der Schalldruckamplitude festgestellt werden. Im Bereich der gleichen Weglänge der beiden Strahler muss sich der Schalldruck bei korrekter Phasenlage um 6 dB erhöhen und es darf keine Auslöschung (in der Praxis eine Pegelreduzierung) auftreten.

5   Messtechnik

Auf Beschreibungen von messtechnischen Lösungen, die sowohl auf den Einsatz von spezieller Hardware beruhen oder die bis auf den AD/DA-Wandler reine Softwarelösungen darstellen, soll im Rahmen dieses Buches verzichtet werden. Hier ist ständig mit neuen Lösungen und Updates zu rechnen, sodass hier nur auf die Literatur und das Internet verwiesen werden soll.

5.1   Hardwarelösungen

TEF-Gerät aus USA

- TEF20 Hardware oder Softwarelösung mit TEF25
  - Gleitsinusverfahren von Goldline/USA
  - Schließt auch MLS-Messungen ein
  - Umfangreiches Postprozessing
    In den USA verbreitet

http://www.gold-line.com

MLSSA-Verfahren aus USA (Version 10.x)

- Volles PC-Board in veraltetem ISA-Slot
  - MLS-Anregung
  - MS-DOS basierende Einkanalmessung
  - Umfangreiches Postprozessing
  - Weltweit sehr eingeführt

http://www.mlssa.com

CLIO-Verfahren aus Italien

- PC Computer mit AD/DA Wandler (Version 12)
  - MLS und Chirp-Anregung
  - WINDOWS basierende Zweikanalmessung
  - Weites Postprozessing
  - Weltweit gut eingeführt

http://www.audiomatica.com/wp/

Monkey Forest

- Volles PC Board in veraltetem ISA Slot
  - Sweep-, Noise und MLS-Anregung
  - MS-DOS basierende Zweikanalmessung
  - Sehr umfangreiches Postprozessing
  - Weltweit wenig eingeführt

www.anselmgoertz.de

Ivie IE-33

- Basiert auf HP/Compaq iPAQ Pocket PC Plattform
  - Fremdanregung oder mit STIPa-Signal
  - Einkanalmessung, auch für STIPa-Messung

– Sehr umfangreiches Postprozessing
– Weltweit wenig eingeführt

http://www.ivie.com/

STIPa Verständlichkeitsmesser

- Implementierung in verschiedenen Schallpegelmessern
  – Anregung des Messsignals von CD oder separatem Generator
  – Einkanalmessung
  – Postprozessing für veränderte Raumakustik
  – Weltweit eingeführt

http://www.nti-audio.com/de/produkte/xl2-schallpegelmesser.aspx
   https://www.norsonic.de/detailseite-schallpegelmesser/alias/schallpegelmesser-nor140-nor140.html?kat=schallpegelmesser

und andere Schallpegelmesser

5.2   Softwarelösungen

AFMG EASERA, Version 1.2

- PC Software
  – MLS, Noise, TDS und Sweep-Anregung
  – Auf MS Windows basierende Zwei- und Mehrkanalmessung
  – Sehr umfangreiches Postprozessing für Raum- und Elektroakustik
  – Weltweit eingeführt

http://www.easera.com/

AFMG SysTune, Version 1.3

- PC Software
  – Sweep, Noise oder Fremdsignale
  – Auf MS Windows basierende Zwei- und Mehrkanalmessung
  – Umfangreiche Echtzeitauswertung, u. a. Impulsantwort und Transferfunktion
  – Weltweit stark verbreitet

http://systune.afmg.eu

WinMLS, Version 2004

- PC Software
  – MLS, Noise, Sweep-Anregung
  – Auf MS Windows basierende Zwei- und Mehrkanalmessung
  – Umfangreiche Auswertung für Raum- und Elektroakustik
  – Weltweit eingeführt

http://www.winmls.com/

Dirac

- PC Software Type 7841
  – MLS, Sweep und externe Anregung
  – Auf MS Windows basierende Zweikanalmessung
  – Begrenzte Auswertung für Raum- und Elektroakustik
  – Weltweit eingeführt

http://www.bksv.com/

Smaart

- Smaart-Live Version 8, PC Software
  – Noise und Sweep-Anregung
  – Auf MS Windows/Mac OS basierende Zweikanalmessung
  – Ausgerichtet auf die Einmessung von Beschallungssystemen
  – Weltweit weit verbreitet

http://www.rationalacoustics.com/

ARTA

- PC Software
  – Verschiedene Anregungssignale
  – Auf MS Windows basierendes Messsystem für Lautsprecherentwicklung und raumakustische Untersuchungen
  – Vielfältiges Postprozessing
  – In Europa und v. a. in Deutschland verbreitet

http://www.artalabs.hr

ETF

- PC Software
  - MLS und Sweep-Anregung
  - Auf MS Windows basierende Zweikanalmessung
  - Postprozessing für Studio- und HIFI-Anwendungen
  - Weltweit wenig eingeführt

http://www.etfacoustic.com/

RoomTools

- PC Software
  - Sweep-Anregung
  - Auf MS Windows basierende Einkanalmessung
  - Umgangreiches Postprozessing
  - Weltweit begrenzt eingeführt

http://www.room-tools.com/

6   Schlussbemerkungen

Der vorliegende Band einschließlich Anhang versucht, den Stand der akustischen Messtechnik darzustellen, wie er gegenwärtig in der Raumakustik und Beschallungstechnik üblich ist. Während die mathematisch-physikalischen Grundlagen, die zur Ermittlung der Impulsantworten etc. führen, wie Fourieranalyse, Faltung und Fensterung sich kaum ändern werden, unterliegt jedoch die Hard- und Software, die diese Prozesse ermöglichen, einer ständigen Änderung, sprich Verbesserung. Somit kann diesem Abschnitt nur eine zeitweilige Lebensdauer eingeräumt werden, aus diesem Grunde wurde auch die derzeitig übliche Messtechnik selbst nur sehr kurz erwähnt. Die Grundlagen aber werden Bestand haben und es ist zu hoffen, dass nach Studieren dieses Abschnitts das Wissen um das Wie des computergestützten Erhalts von Messergebnissen erweitert wurde. Auch soll der

Anhang als Nachschlagewerk verstanden werden, bei der Suche nach detaillierter Anwendung der geschilderten Maße wird auf die im Anhang angegebene Literatur verwiesen.

A Anlage: Raumakustische Kriterien

A.1 Nachhallzeit T

Die Nachhallzeit T ist die Zeit, die nach Abschalten einer Schallquelle in einem Raum vergeht, bis die mittlere, eingeschwungene Schallenergiedichte $w(t)$ auf 1/1.000.000 des Anfangswertes w_0 oder der Schalldruck auf 1/1000, d. h. um 60 dB abgeklungen ist. Der Hörer kann aber den Abklingvorgang nur bis zu Wahrnehmung des Störpegels im Raum verfolgen. Diese subjektiv beurteilte Größe Nachhalldauer hängt somit sowohl vom Anregungs- als auch vom Störpegel ab.

Bei Messungen ist die geforderte Auswertedynamik von 60 dB schwer zu erreichen, deshalb wird normalerweise durch Messung des Schallpegelabfalls in einem Bereich von −5 dB bis −35 dB die Nachhallzeit bestimmt und dann als $T_{30\,dB}$ (auch T30) bezeichnet. Die Anfangsnachhallzeit EDT (Early-Decay-Time nach [A.1], Abfall zwischen 0 dB bis −10 dB) stimmt, insbesondere bei kleinen Lautstärken, mit der subjektiven Beurteilung der Nachhalldauer meistens besser überein.

Der anzustrebende günstige Wert der Nachhallzeit T hängt von der Darbietungsart (Sprache oder Musik) und der Raumgröße ab. Für Auditorien und Konzertsäle sind die Sollwerte der mittleren Nachhallzeit zwischen 500 Hz und 1000 Hz Oktavbandmittenfrequenz im 80 % bis 100 % besetzten Raumzustand in Abb. 25 eingetragen, die zulässigen Frequenztoleranzbereiche dem Abb. 26 zu entnehmen.

Die nach Eyring [A.2] empirisch abgeleitete Nachhallzeit eines Raumes hängt im Wesentlichen von der Raumgröße, von

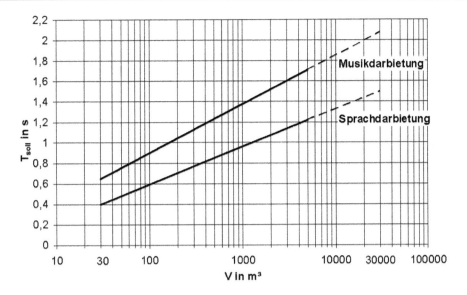

Abb. 25 Sollwerte der mittleren Nachhallzeit zwischen 500 Hz und 1000 Hz Oktavbandmittenfrequenz im 80 % bis 100 % besetzten Raumzustand für Auditorien und Konzertsäle

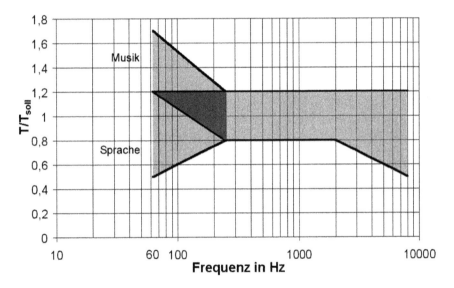

Abb. 26 Zulässige Frequenztoleranzbereiche

den schallabsorbierenden Eigenschaften der Begrenzungsflächen (frequenzabhängig!) und nicht flächenbildenden Einrichtungsgegenständen (auch oft frequenzabhängig) ab:

$$T = 0{,}163 \frac{V}{-\ln(1 - \overline{\alpha}) S_{\mathrm{ges}} + 4mV} \quad (16)$$

T Nachhallzeit in s
V Raumvolumen in m^3
$\overline{\alpha} = A_{\mathrm{ges}}/S_{\mathrm{ges}}$ räumlich gemittelter Absorptionsgrad
A_{ges} gesamte Absorptionsfläche in m^2
S_{ges} gesamte Raumoberfläche in m^2
m Energiedämpfungskonstante der Luft in m^{-1}

Die gesamte Schallabsorptionsfläche des Raumes A_{ges} setzt sich zusammen aus den flächenhaften Absorptionsflächen mit den jeweiligen Teilflächen S_n und dem dazugehörigen frequenzabhängigen Schallabsorptionsgrad α_n und den nicht flächenbildenden Absorptionsflächen von z. B. Publikum und Einrichtungsgegenständen A_k.

Für einen mittleren Schallabsorptionsgrad bis $\bar{\alpha} = 0,25$ lässt sich die Gl. (16) durch Reihenentwicklung vereinfachen auf den Zusammenhang nach Sabine [A.3]:

$$T = 0{,}163 \frac{V}{A_{ges} + 4\,mV} \qquad (17)$$

T Nachhallzeit in s
V Raumvolumen in m^3
A_{ges} gesamte Absorptionsfläche in m^2
m Energiedämpfungskonstante der Luft in m^{-1}

Der Zusammenhang zwischen der Nachhallzeit T, dem Raumvolumen V, der äquivalenten Schallabsorptionsfläche A_{ges} (einschließlich der unvermeidbaren Luftdämpfung m) ist in Abb. 27 grafisch dargestellt.

Der o. g. frequenzabhängige Schallabsorptionsgrad α muss aus Messungen oder Berechnungen für den diffusen, allseitigen Schalleinfall bestimmt werden.

Die in einem Raum *absorbierte Schallleistung* P_{ab} lässt sich aus der Beziehung

$$\text{Energiedichte } w = \frac{\text{Schallenergie } W}{\text{Volumen } V} \qquad (18)$$

unter der Berücksichtigung des Differentialquotienten $P_{ab} = dW/dt$ als Maß der Energieabnahme im Raum ermitteln:

$$P_{ab} = \frac{1}{4}\,wcA \qquad (19)$$

c Schallgeschwindigkeit

Im eingeschwungenen Zustand ist die absorbierte Schallleistung gleich der in den Raum eingespeisten P. Damit erhält man die *mittlere Schallenergiedichte* w_r im diffusen Schallfeld des Raumes zu

$$w_r = \frac{4P}{cA} \qquad (20)$$

Während die Schallenergiedichte w_r im diffusen Schallfeld annähernd konstant ist, nimmt die Direktschallenergie und damit auch ihre Dichte w_d im Nahbereich der Quelle nach

$$w_d = \frac{P}{c}\,\frac{1}{4\pi r^2} \qquad (21)$$

mit dem Quadrat der Entfernung r von der Quelle ab. (Dies gilt streng genommen nur für Kugelschallquellen [A.4], kann jedoch bei genügend großem Abstand für die meisten praktisch wirksamen Schallquellen angenommen werden). Damit ergibt sich für den Schalldruck in diesem Bereich des überwiegenden Direktschalls ein Abfall mit 1/r.

Sind die Direktschall- und die Diffusschallenergiedichte gleich ($w_d = w_r$), so lässt sich ein spezieller Abstand von der Quelle, der Hallabstand, ermitteln. Bei einer Kugelschallquelle ergibt sich der *Hallradius* r_H zu:

$$r_H = \sqrt{\frac{A}{16\pi}} \approx \sqrt{\frac{A}{50}} \approx 0{,}141\sqrt{A} \approx 0{,}057\sqrt{\frac{V}{T}} \quad (22)$$

r_H in m, A in m^2, V in m^3, T in s.

Bei einer gerichteten Schallquelle (Sprecher, Schallwandler) wird dieser Abstand durch die *Richtentfernung* r_R ersetzt:

$$r_R = \Gamma(\vartheta)\sqrt{\gamma \cdot r_H} \qquad (23)$$

mit

$\Gamma(\vartheta)$ Richtungsfaktor der Schallquelle (Verhältnis des Schalldruckes, der unter dem Winkel ϑ gegen die Bezugsachse abgestrahlt wird, zum Schalldruck, der auf der Bezugsachse im gleichen Abstand erzeugt wird)
γ Bündelungsgrad der Schallquelle

A.2 Bassverhältnis BR

Neben der Nachhallzeit T bei mittleren Frequenzen ist der Frequenzgang der Nachhallzeit, insbesondere bei tiefen Frequenzen im Vergleich zu den mittleren von großer Bedeutung. Das Bassverhältnis, d. h. das Verhältnis der Nachhallzeiten bei Oktavmittenfrequenzen von 125 Hz und

Abb. 27 Zusammenhang
zwischen der Nachhallzeit
T, dem Raumvolumen
V, der äquivalenten
Schallabsorptionsfläche
A_{ges} (einschließlich
der unvermeidbaren
Luftdämpfung *m*)

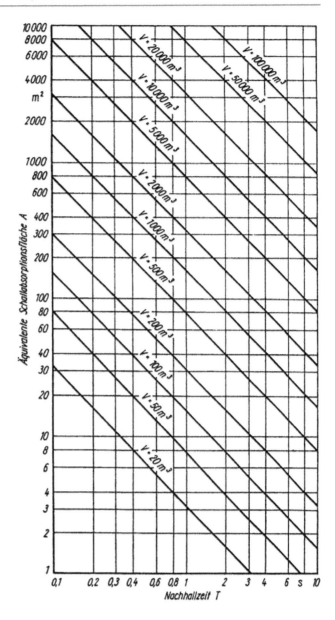

250 Hz zu Oktavmittenfrequenzen von 500 Hz
und 1000 Hz (mittlere Nachhallzeit), errechnet
sich somit aus folgender Beziehung [A.5]:

$$BR = \frac{T_{125\,Hz} + T_{250\,Hz}}{T_{500\,Hz} + T_{1000\,Hz}} \qquad (24)$$

Für Musik ist ein Bassverhältnis von BR $\approx$ 1,0...
1,3 anzustreben, für Sprache dagegen sollte es
höchstens den Wert BR $\approx$ 0,9... 1,0 besitzen.

A.3 Energiekriterien

Nach den Gesetzen der Systemtheorie kann ein
Raum akustisch als ein lineares Übertragungs-
system aufgefasst werden, das durch seine
Impulsantwort *h*(*t*) im Zeitbereich vollständig
beschrieben werden kann.

Aus gemessenen oder berechneten Raumimpulsantworten *h*(*t*) werden im Allgemeinen die

Zeitverläufe folgender schallfeldproportionaler Größen (sog. Reflektogramme) gewonnen:

Schalldruck:

$$p(t) \sim h(t)$$

Schallenergiedichte:

$$w(t) \sim h^2(t)$$

Oluträgheitsbewertete Schallintensität.

$$J_{\tau_0}(t') \sim \int_0^t h^2(t) \exp\left[\frac{(t - t')}{\tau_0}\right] dt$$

mit $\tau_0 = 35$ ms

Schallenergie:

$$E_{t'}(t') = \int_0^{t'} h^2(t)\, dt$$

Zur Ermittlung einer lautstärkeäquivalenten Energiekomponente ist $t' = \infty$ zu setzen, in Räumen mittlerer Größe genügt in der Praxis $t' \approx 800$ ms.

Prinzipiell ist für die messtechnische Bestimmung aller sprachrelevanten raumakustischen Kriterien bei der Schallfeldanregung eine Schallquelle mit der frequenzabhängigen Richtcharakteristik eines menschlichen Sprechers zu verwenden, während bei Musikdarbietungen im allgemeinen in erster Näherung eine ungerichtete Schallquelle genügt.

Die überwiegende Zahl der raumakustischen Gütekriterien basiert auf der monauralen, richtungsunbewerteten Auswertung der Impulsantwort, binaurale, kopfbezogene Kriterien sind noch die Ausnahme (IACC nach [A.6]). Der Einfluss der Schalleinfallsrichtung früher Anfangsreflexionen auf raumakustische Gütekriterien ist prinzipiell bekannt. Da aber subjektive Urteilskriterien hierfür noch weitgehend fehlen, muss leider bei der Messung oder Berechnung von Raumimpulsantworten dies im allgemeinen unberücksichtigt bleiben.

A.3.1 50-ms-Anteil, D_{50} für Sprache

Das von Thiele entwickelte raumakustische Kriterium für die Güte der Verständlichkeit von Sprachdarbietungen wurde ursprünglich als „Deutlichkeit" (Definition) bezeichnet und in % angegeben [A.7]. Wegen der damit verbundenen Annahme, dass damit tatsächlich die Sprachverständlichkeit in % unmittelbar gemessen werden könnte, hat Thiele selbst dem Energieverhältnis die Bezeichnung „50-ms-Anteil" gegeben.

$$D_{50} = \frac{E_{50}}{E_\infty}$$

Subjektive Bewertung

Bzgl. der subjektiven Bewertung von D_{50} wird empfohlen, dass frequenzunabhängig $D_{50} > 0{,}5$ sein sollte. Eine subjektive Bewertung der Frequenzabhängigkeit des „50-ms-Anteils" ist nicht bekannt.

Anmerkung:
Das Kriterium wird heute nur noch selten angewendet, da es durch das Deutlichkeitsmaß C_{50} abgelöst wurde bzw. aus diesem auch umgerechnet werden kann.

A.3.2 Deutlichkeitsmaß C_{50} für Sprache

Das Deutlichkeitsmaß C_{50} beschreibt die Verständlichkeit für Sprache oder auch des Gesanges [A.8]. Es wird im allgemeinen in einer Bandbreite aus 4 Oktaven zwischen 500 Hz und 4000 Hz berechnet aus dem 10-fachen Logarithmus des Verhältnisses der an einem Empfangsmessplatz eintreffenden Schallenergie bis zu einer Verzögerungszeit von 50 ms nach Eintreffen des Direktschalls zu der darauf folgenden Energie:

$$C_{50} = 10 \lg\left(\frac{E_{50}}{E_\infty - E_{50}}\right) \text{dB} \qquad (26)$$

Bei der Messung des Deutlichkeitsmaßes wird ein Schallsender mit einer Sprecher-Richtcharakteristik (Bündelungsgrad $\gamma_S \approx 3$) verwendet.

Unter der Annahme eines zeitlich „statistischen" Schallfeldaufbaus, des bekannten Raumvolumens V und der vorausberechenbaren

Nachhallzeit T_{60}, kann in Abhängigkeit der Entfernung zwischen Schallquelle und Hörerplatz (r_x) der Erwartungswert $C_{50,E}$ für das Deutlichkeitsmaß C_{50} berechnet werden. Die Berechnungsvorschrift lautet:

$$C_{50,E} = 10 \cdot \lg_{10} \frac{\gamma_s \cdot \left(\frac{r_H}{r_x}\right) + 1 - e^{-\frac{13,8 \cdot 0,05}{T}}}{e^{-\frac{13,8 \cdot 0,05}{T}}} \, \mathrm{dB}$$

r_x Entfernung Schallquelle (Sprecher) → Zuhörerplatz in m

r_H Halbraum-Hallradius $r_H = 0,057 \cdot \sqrt{\frac{V}{T}}$ in m

V Volumen in m^3

T Nachhallzeit in s

γ_s Bündelungsgrad der Sprecher-Richtcharakteristik

Subjektive Bewertung des Deutlichkeitsmaßes C_{50}

Damit die Silbenverständlichkeit nicht unter 80 % sinkt, sollte bei Oktavmittenfrequenzen um 1000 Hz $C_{50} \geq -2$ dB sein. In diesem Fall beträgt aber die Satzverständlichkeit (Textverständlichkeit), die wegen des Kontextes höher als die Silbenverständlichkeit ist, immer noch etwa 95 %. Der Wert von $C_{50} = -2$ dB wird daher als unterer „zulässiger" Grenzwert für eine gute Sprach- bzw. Textverständlichkeit angesehen.

A.3.3 Artikulationsverlust AL$_{cons}$ für Sprache

Peutz und Klein haben ermittelt, dass der Artikulationsverlust gesprochener Konsonanten AL$_{cons}$ (articulation loss of consonants) zur Beurteilung der Sprachverständlichkeit in Räumen maßgebend ist [A.9, A.10]. Davon ausgehend entwickelten sie ein Kriterium zur Bestimmung der Verständlichkeit:

$$\mathrm{AL}_{cons} \approx 0,652 \left(\frac{r_{QH}}{r_H}\right)^2 \cdot T \, \% \quad (28)$$

r_{QH} Abstand Schallquelle-Hörer

r_H Hallradius bzw. Richtentfernung r_R bei gerichteten Schallquellen

T Nachhallzeit in s

Aus der gemessenen Raumimpulsantwort lässt sich AL$_{cons}$ ermitteln, wenn für die Direktschallenergie die Energie nach ca. 25 ms bis 40 ms (Standardwert 35 ms) und für die Nachhallenergie die Restenergie nach 35 ms eingesetzt wird:

$$\mathrm{AL}_{cons} \approx 0,652 \left(\frac{E_\infty - E_{35}}{E_{35}}\right) \cdot T \, \% \quad (29)$$

Subjektive Bewertung der AL$_{cons}$-Werte

AL$_{cons}$ ≤ 3 %   ideale Verständlichkeit,

AL$_{cons}$ $= 3...8$ %   gute Verständlichkeit,

AL$_{cons}$ $= 8...11$ %   angemessene Verständlichkeit,

AL$_{cons}$ > 11 %   schwache Verständlichkeit,

AL$_{cons}$ > 20 %   unbrauchbare Verständlichkeit (als Grenzwert wird oft 15 % angenommen)

Lange Nachhallzeiten führen zur Erhöhung des Artikulationsverlustes, da dieser Nachhall bei entsprechender Länge für die nachfolgenden Nutzsignale wie Störschall wirkt.

AL$_{cons}$ wird für die 1000 Hz oder auch bevorzugt für die 2000 Hz Oktave angegeben; frequenzabhängige Darstellungen sind unüblich.

A.3.4 Speech Transmission Index STI und RASTI

Die Bestimmung der STI-Werte beruht auf der Messung der Verringerung der Signalmodulation zwischen dem Ort der Schallquelle, z. B. auf der Bühne und dem Empfangsmessplatz bei Oktavmittenfrequenzen von 125 Hz bis 8000 Hz. Dazu wurde von Steeneken und Houtgast vorgeschlagen, den auszumessenden Raum mit einem speziellen modulierten Rauschen anzuregen und dann die sich verringernde Modulationstiefe zu messen [A.11]. Schroeder konnte nachweisen, dass die STI-Werte auch aus der gemessenen Impulsantwort ableitbar sind [A.12], was mit modernen computergestützten Messverfahren heutzutage zumeist gemacht wird.

Steeneken und Houtgast gingen davon aus, dass nicht nur Nachhall und Störgeräusche, sondern allgemein alle fremden Signale bzw. Signalveränderungen, die auf dem Wege zwischen Quelle und Hörer auftreten, die

Sprachverständlichkeit herabsetzen. Um diesen Einfluss zu ermitteln, nutzen sie die Modulationsübertragungsfunktion MTF (Modulation Transmission Function) für akustische Zwecke. Das vorhandene Nutzsignal S (Signal) wird zum herrschenden Störsignal N (Noise) ins Verhältnis gesetzt. Der dabei ermittelte Modulationsreduktionsfaktor m(F) ist eine Größe, die die Beeinflussung der Sprachverständlichkeit charakterisiert (siehe auch Gl. (15) auf Seite 33).

$$m(F) = \frac{1}{\sqrt{1 + (2\pi F \cdot T / 13{,}8)^2}} \cdot \frac{1}{1 + 10^{-\left(\frac{S/N}{10\,\mathrm{dB}}\right)}}$$

mit

F   Modulationsfrequenz in Hz,
T   Nachhallzeit in s,
S/N   Signal-Stör-Verhältnis in dB.

Dabei werden 14 Modulationsfrequenzen von 0,63 Hz bis 12,5 Hz in Terzen benutzt. Außerdem wird die Modulationsübertragungsfunktion einer Frequenzbewertung unterzogen (WMTF – weighted modulation transmission function), um eine vollständige Korrelation zur Sprachverständlichkeit zu erreichen. Die Modulationsübertragungsfunktion wird dabei in 7 Frequenzbänder aufgeteilt, die jeweils mit der Modulationsfrequenz beaufschlagt werden. Das ergibt eine Matrix von $7 \times 14 = 98$ Modulationsreduktionsfaktoren m_i.

Das (scheinbare) wirksame Signal-Stör-Verhältnis X_i kann aus Modulationsreduktionsfaktoren m_i berechnet werden:

$$X_i = 10 \lg \left(\frac{m_i}{1 - m_i}\right) \mathrm{dB} \qquad (30)$$

Diese Werte werden gemittelt und in Oktaven getrennt die Modulation Transfer Indizes MTI = $(X_{\mathrm{average}} + 15)/30$ ermittelt. Nach einer Frequenzwichtung in den 7 Bändern (teilweise auch für männliche und weibliche Sprache getrennt) ergibt sich der Sprachübertragungsindex STI.

Die Schallfeldanregung erfolgt durch einen Schallstrahler mit der Richtcharakteristik eines Sprechers.

Das schnellere RASTI-Verfahren (Rapid Speech Transmission Index) verwendet dagegen nur zwei, für die Sprachverständlichkeit besonders wichtige Oktavbänder (500 Hz und 2 kHz) und nur ausgewählte Modulationsfrequenzen, zusammen wird RASTI also für 9 Modulationsreduktionsfaktoren m_i berechnet. Das Maß wird aber zunehmend kaum noch verwendet.

Ein nach 2000 entwickeltes Verfahren zur Beurteilung von Beschallungsanlagen setzt dagegen wieder die Anregung mit moduliertem Rauschen voraus, sodass der STIPa-Wert nicht aus einer Impulsantwort direkt abgeleitet werden kann. Das Frequenzspektrum dieses Anregungsrauschens ist im Abb. 23 dargestellt.

Man verwendet 1/2 Oktavband-Rauschen, das über die auszumessende Lautsprecheranlage in den zu beurteilenden Raum abgestrahlt wird. Mittels eines einfachen transportablen Empfängerteils ist dann an beliebigen Empfangsplätzen im Raum der STIPa-Wert ablesbar. Die Methode eignet sich besonders für den Einsatz bei Nichtfachleuten, da kein spezielles technisches Wissen vorausgesetzt wird. Das Verfahren wird zunehmend zur Prüfung von Anlagen zur Notrufabstrahlung und für Sprachalarmierung [A.23, A.25] sinnvoll eingesetzt.

Subjektive Beurteilung der STI-Werte
Nach subjektiven Untersuchungsergebnissen werden, wie in Tab. 2 die STI- und natürlich auch die RASTI-Werte den subjektiven Werten für die Silbenverständlichkeit zugeordnet (EN ISO 9921:2003-02 [A.24]).

Berechnung der STI-Werte
Bei modernen computergestützten Messverfahren erfolgt die Berechnung des STI-Wertes aus der Impulsantwort. Dabei werden neben den 98 MTF-Werten die gemittelten MTI Indizes,

Tab. 2 Subjektive Beurteilung der STI-Werte

Silbenverständlichkeitsurteil	STI-Wert
Schlecht	0…0,3
Schwach	0,3…0,45
Angemessen	0,45…0,6
Gut	0,6…0,75
Ausgezeichnet	0,75…1,0

Tab. 3 STI-Ergebnistabelle eines PC-basierten Messsystems

EASERA 1.0, Results of Data: FINALMP2.etm : Measures
STI, MTF, MTI

	MTF 125Hz	MTF 250Hz	MTF 500Hz	MTF 1000Hz	MTF 2000Hz	MTF 4000Hz	MTF 8000Hz
0,63 Hz	0,666	0,732	0,746	0,85	0,877	0,909	0,934
0,8 Hz	0,619	0,659	0,69	0,816	0,842	0,877	0,911
1 Hz	0,558	0,59	0,635	0,783	0,802	0,842	0,883
1,25 Hz	0,492	0,527	0,583	0,745	0,751	0,799	0,844
1,6 Hz	0,431	0,475	0,539	0,694	0,678	0,737	0,781
2 Hz	0,394	0,456	0,505	0,634	0,594	0,673	0,708
2,5 Hz	0,335	0,429	0,476	0,562	0,496	0,605	0,627
3,15 Hz	0,241	0,394	0,397	0,476	0,391	0,545	0,567
4 Hz	0,146	0,416	0,368	0,4	0,348	0,524	0,599
5 Hz	0,029	0,436	0,388	0,352	0,435	0,586	0,721
6,3 Hz	0,235	0,52	0,411	0,351	0,513	0,639	0,808
8 Hz	0,268	0,399	0,286	0,33	0,417	0,545	0,707
10 Hz	0,255	0,266	0,134	0,262	0,287	0,456	0,618
12,5 Hz	0,184	0,373	0,074	0,076	0,219	0,469	0,692
MTI	0,385	0,486	0,456	0,513	0,536	0,609	0,672
STI	0,529						
AlCons [%]	9,687						
STI (Male)	0,539						
STI (Female)	0,554						
RaSTI	0,505						
Equiv. STIPa (Male)	0,554						
Equiv. STIPa (Female)	0,566						
STI (Modified)	0,533						
STI (Unweighted)	0,522						
STI (Custom)	0,529						
RaSTI (Weighted)	0,509						
STIPa (Modified)	0,56						
STIPa (Unweighted)	0,546						

sowie STI, AL_{cons}, RASTI und als Informations-wert auch STIPa angegeben (Tab. 3).

A.3.5 Schwerpunktzeit t_s

Die Schwerpunktzeit t_s (Center Time) ist für Musik- und Sprachdarbietungen ein Richtwert für den Raumeindruck und die Durchsichtig-keit. Sie ergibt sich an einem Messplatz aus dem Verhältnis der summierten Produkte aus der jeweiligen Energiekomponente der ein-treffenden Schallreflexion mit der zugehörigen Verzögerungszeit zur Gesamtenergie. Sie ent-spricht dem Zeitpunkt des ersten Moments in der quadrierten Impulsantwort [A.13] und wird somit nach folgender Beziehung bestimmt:

$$t_s = \frac{\sum_i t_i E_i}{E_{ges}} \quad \text{oder} \quad t_S = \frac{\int_0^\infty t \cdot p^2(t)\, dt}{\int_0^\infty p^2(t)\, dt} \quad (31)$$

Subjektive Bewertung der Schwerpunktzeit t_s
Je größer die Schwerpunktzeit t_s ist, desto räum-licher ist der akustische Eindruck am Hörerplatz.

Die maximal erreichbare Schwerpunktzeit t_s basiert auf der optimalen Nachhallzeit.

Anzustreben ist eine Schwerpunktzeit t_s für Musik von $t_s \approx (70 \text{ bis } 150)$ ms bei 1000 Hz-Oktave und für Sprache von $t_s \approx (60 \text{ bis } 80)$ ms bei vier Oktaven zwischen 500 Hz bis 4000 Hz.

A.3.6 Echokriterium EK

Für die Beurteilung der Hörsamkeit eines Rau-mes ist neben den bereits genannten Kriterien auch die Reflexionsfolge von Bedeutung. Die Reflektogramme zeigen, in welcher zeitlichen Reihenfolge und in welcher Stärke Reflexionen an einem Zuhörerplatz eintreffen.

Starke Reflexionen, die bei Sprachdar-bietungen später als 50 ms nach dem Direktschall eintreffen, und denen keine oder wenige schwä-chere Reflexionen vorausgehen, werden vom Ohr subjektiv als vom Direktschall getrennte Signale, also als Echo, registriert. Von einem Echo wird gesprochen, wenn eine subjektiv „deutlich hör-bare Wiederholung des Direktschallereignisses" auftritt. Eine sichere Möglichkeit der Erkennung von Echos aus den Reflektogrammen bietet das sog. Echo-Kriterium nach [A.14].

Wird die Aufbaufunktion der Schwerpunktzeit $t_s(\tau)$

$$t_s(\tau) = \frac{\int_0^\tau |p(t)|^n\, t \cdot dt}{\int_0^\tau |p(t)|^n \cdot dt} \qquad (32)$$

betrachtet, wobei als Exponent für die eintreffenden Schallreflexionen bei Sprache $n = 2/3$ und bei Musik $n = 1$ verwendet wird, und mit dem Differenzquotienten

$$\mathrm{EK}(\tau) = \frac{\Delta t_s(\tau)}{\Delta t_E} \qquad (33)$$

verglichen, so lassen sich Echostörungen für Musik oder Sprache bei Ansatz der vorgegebenen Werten von $\Delta t_E = 14$ ms für Musik und $\Delta t_E = 9$ ms für Sprache erkennen. Das Echokriterium ist motivabhängig. Bei temporeicher, akzentuierter Sprache oder Musik liegen die Grenzwerte niedriger.

Subjektive Bewertung des Echokriteriums EK und deren Frequenzabhängigkeit

Ein Echo tritt dann auf, wenn das maximale $\mathrm{EK} > \mathrm{EK}_{grenz}$ ist.

Der Grenzwert des Echokriteriums EK_{grenz} beträgt für 50 % ($\mathrm{EK}_{50\,\%}$), bzw. 10 % ($\mathrm{EK}_{10\,\%}$) der Hörer, die dieses Echo wahrnehmen:

Echo bei Sprache wahrnehmbar für $\mathrm{EK}_{50\,\%}$: $\geq 1{,}0$; $\mathrm{EK}_{10\,\%} > 0{,}9$
Echo bei Musik wahrnehmbar für $\mathrm{EK}_{50\,\%}$: $\geq 1{,}8$; $\mathrm{EK}_{10\,\%} > 1{,}5$

Nach Dietsch [A.14] genügen jedoch für Sprache Testsignale mit einer Bandbreite von einer Oktave und einer Mittenfrequenz $f_M = 1$ kHz, und für Musik ein Testsignal mit der Bandbreite von zwei Oktaven mit einer Mittenfrequenz $f_M = 1{,}4$ kHz.

A.3.7 Klarheitsmaß C_{80} für Musik

Das Klarheitsmaß C_{80} ist relevant für die zeitliche Durchsichtigkeit (Klarheit) der Musikdarbietung, insbesondere schneller musikalischer Passagen (ursprünglich nur für eine

Oktavmittenfrequenz von 1000 Hz definiert) und berechnet sich aus dem 10-fachen Logarithmus des Verhältnisses der an einem Empfangsmessplatz eintreffenden Schallenergie bis 80 ms nach Eintreffen des Direktschalls zu der folgenden Schallenergie [A.15].

$$C_{80} = 10 \left(\lg \frac{E_{80}}{E_\infty - E_{80}} \right) \mathrm{dB} \qquad (34)$$

Unter der Annahme eines zeitlich „statistischen" Schallfeldaufbaus, des bekannten Raumvolumens V und der vorausberechenbaren Nachhallzeit T, können in Abhängigkeit der Entfernung zwischen Schallquelle und Hörerplatz (r_x) der Erwartungswert $C_{80,\,E}$ für das Klarheitsmaß C_{80} berechnet werden. Die Berechnungsvorschrift lautet:

$$C_{80,\,E} = 10 \cdot \lg_{10} \frac{\left(\frac{r_H}{r_X}\right)^2 + 1 - e^{-\frac{13,8 \cdot 0,08}{T}}}{e^{-\frac{13,8 \cdot 0,08}{T}}} \mathrm{dB} \qquad (35)$$

r_x Entfernung Schallquelle (Orchester) $\to$ Zuhörerplatz in m

r_H Halbraum-Hallradius $r_H = 0{,}057 \cdot \sqrt{\frac{V}{T}}$ in m

V Volumen in m^3

T Nachhallzeit in s

Subjektive Beurteilung des Klarheitsmaßes C_{80}
Nach den Arbeiten von Abdel Alim [A.15] sollte für eine ausreichende musikalische Klarheit sein für

klassische Musik (Mozart, Haydn)
   $C_{80} \geq -1{,}6$ dB
romantische Musik (Brahms, Wagner)
   $C_{80} \geq -4{,}6$ dB

Einen annehmbaren Kompromiss stellt die Forderung -3 dB $\leq C_{80} \leq +4$ dB dar.

Für sakrale Musik kann sogar $C_{80} \geq -5$ dB gelten.

Eine Bewertung der Frequenzabhängigkeit des Klarheitsmaßes ist nicht bekannt.

A.3.8 Interauraler Kreuzkorrelationskoeffizient IACC

Der IACC ist ein binaurales, kopfbezogenes Kriterium und dient zur Beschreibung der Gleichheit der beiden Ohrsignale zwischen zwei frei wählbaren Zeitgrenzen t_1 und t_2. Im allgemeinen kann man die Signalidentität für Anfangsreflexionen ($t_1 = 0$ ms, $t_2 = 80$ ms) oder für den Nachhallteil ($t_1 \geq t_{st}$, $t_2 \geq T$) untersuchen (t_{st} ist der Zeitpunkt des Einsatzes des statistischen Nachhalls). Die Frequenzfilterung sollte im allgemeinen in Oktavbandbreiten zwischen 125 Hz und 4000 Hz erfolgen.

Aus den Raumimpulsantworten des rechten und linken „Ohrsignals" ($p_R(t)$ und $p_L(t)$) werden die interauralen Korrelationsmaße nach ISO 3382 [A.16] aus der interauralen Kreuz-Korrelationsfunktion IACF(τ) wie folgt berechnet [6]:

$$\text{IACF}_{t_1, t_2}(\tau) = \frac{\int_{t_1}^{t_2} p_L(t) \cdot p_R(t + \tau)\, dt}{\left[\int_{t_1}^{t_2} p_L^2(t)\, dt \cdot \int_{t_1}^{t_2} p_R^2(t)\, dt \right]^{1/2}} \quad (36)$$

mit

$p_L(t)$	Impulsantwort am Eingang des linken Gehörgangs
$p_R(t)$	Impulsantwort am Eingang des rechten Gehörgangs
t_1 und t_2	Integrationszeitgrenzen im ms
für $\text{IACC}_{E(arly)}$	$t_1 = 0$ ms; $t_2 = 80$ ms
für $\text{IACC}_{L(ate)}$	$t_1 = 80$ ms; $t_2 = 500...2000$ ms
für $\text{IACC}_{A(ll)}$	$t_1 = 0$ ms; $t_2 = 500...2000$ ms

Die interauralen Kreuz-Korrelationskoeffizienten IACC werden aus den interauralen Kreuz-Korrelationsfunktionen IACF(τ) wie folgt berechnet:

$$\text{IACC}_{t_1, t_2} = \max \left| \text{IACF}_{t_1, t_2}(\tau) \right| \text{ für} \\ -1 < t < +1\, (\tau \text{ in ms}) \quad (37)$$

Nach Beranek [A.17] korreliert nämlich der Wert $\rho = (1 - \text{IACC}_E)$ mit der subjektiven Wahrnehmung der „Weite" der Schallquelle (AWS: „Apparent Source Width") und der Wert $\varepsilon = (1 - \text{IACC}_L)$ korreliert mit der subjektiven Empfindung des „vom Schall eingehüllt sein" (LEV: „Listener Envelopment").

Subjektive Bewertung von IACC inkl. dessen Frequenzabhängigkeit

Für die Werte von $\text{IACC}_{E;\ 500,\ 1000,\ 2000\ Hz}$ bzw. $\rho = (1 - \text{IACC}_{E;\ 500,\ 1000,\ 2000\ Hz})$ werden von

Beranek [A.17]) folgende Konzertsaal-Güteklassen angegeben:

Kategorie „Excellent" to „Superior"	$\text{IACC}_{E;\ 500,\ 1000,\ 2000\ Hz}$	0,28...0,38
	$\rho = (1 - \text{IACC}_{E;\ 500,\ 1000,\ 2000\ Hz})$	0,62...0,72
Kategorie „Good to Excellent"	$\text{IACC}_{E;\ 500,\ 1000,\ 2000\ Hz}$	0,39...0,54
	$\rho = (1 - \text{IACC}_{E;\ 500,\ 1000,\ 2000\ Hz})$	0,46...0,61
Kategorie „Fair to Good"	$\text{IACC}_{E;\ 500,\ 1000,\ 2000\ Hz}$	0,55...0,59
	$\rho = (1 - \text{IACC}_{E;\ 500,\ 1000,\ 2000\ Hz})$	0,41..0,45

A.3.9 Stärkemaß G

Bezieht man den am Hörerplatz gemessenen Schallpegel auf einen der Schallleistung der Schallquelle äquivalenten Schallpegel, so erhält man unter der Voraussetzung einer kugelförmig abstrahlenden Schallquelle das Stärkemaß G nach Lehmann ([A.18], vgl. [A.19]) mit folgender Berechnungsvorschrift:

$$G = 10 \log_{10} \frac{\int_0^{\infty} p^2(x, t)\, dt}{\int_0^{7ms} p^2(s, t)\, dt} \\ - 10 \log \left(4\pi\, s^2 \right) \text{ dB} \quad (38)$$

s	Bezugsentfernung 10 m in reflexionsfreier Umgebung
x	Entfernung des Messplatzes in m von der Schallquelle

Subjektive Beurteilung des Stärkemaßes G und deren Frequenzabhängigkeit

Für das Stärkemaß G gilt die Empfehlung: $G \geq 0$ dB (im mittleren Frequenzbereich 500...1000 Hz). Optimalwerte [A.19] liegen für Musik- und Sprachdarbietungsräume zwischen $+1$ dB $\leq G \leq +10$ dB, d. h. die Lautheit an einem beliebigen Zuhörerplatz in realen Räumen soll annähernd gleich oder doppelt so laut sein wie im Freien bei 10 m Abstand von der Schallquelle.

Eine Beurteilung der Frequenzabhängigkeit der Stärkemaße ist (noch) nicht bekannt.

Die Berechnung des Stärkemaßes erfolgt aus der Impulsantwort.

A.3.10 Seitenschallgrade Lateral Efficiency LE, Lateral Fraction LF und Lateral Fraction Coefficient LFC

Bei der subjektiven Beurteilung der scheinbaren Ausdehnung einer Musikschallquelle z. B. auf der Bühne, sind die frühen Schallreflexionen an einem Zuhörerplatz von der Seite im Vergleich zu allen anderen Richtungen von Bedeutung. Es wird daher das Verhältnis der seitlich einfallenden Schallenergiekomponente zur allseitig eintreffenden Schallenergiekomponente jeweils in der Zeit bis 80 ms bestimmt und der 10-fache Logarithmus davon errechnet.

Multipliziert man die eintreffenden Schallreflexionen mit $\cos^2 \vartheta$, wobei ϑ der Winkel zwischen Schallquellenrichtung und einfallender Schallwelle ist, so wird damit die größere Bewertung der seitlichen Reflexionen erreicht. Diese winkelabhängige Bewertung wird bei Messungen durch die Nutzung eines Mikrofons mit Achter-Charakteristik erzielt:

$$LE = \frac{E_{80Bi} - E_{25Bi}}{E_{80}}$$

$$= \frac{\text{seitliche Energies} (25 \cdots 80\,\text{ms})}{\text{Gesamtenergie} (\text{allseitig}, 0 \cdots 80\,\text{ms})} \quad (39)$$

E_{Bi} Schallenergiekomponente, gemessen mit Achter-Mikrofon (Gradientenmikrofon)

Nach Barron [A.20] sind die Schallreflexionen an einem Zuhörerplatz von der Seite in einem Zeitfenster von 5 ms bis 80 ms im Gegensatz zu Jordan [A.1] von 25 ms bis 80 ms nach Eintreffen des Direktschalls verantwortlich für die akustisch wahrgenommene Ausdehnung der Musikschallquelle. Die Ursache liegt in der unterschiedlichen Bewertung der Wirkung der seitlichen Reflexionen zwischen 5 ms und 25 ms.

Das Verhältnis dieser Schallenergiekomponenten ist dann ein Maß für den Seitenschallgrad LF:

$$LF = \frac{E_{80Bi} - E_{5Bi}}{E_{80}} \quad (40)$$

E_{Bi} Schallenergiekomponente, gemessen mit Achter-Mikrofon (Gradientenmikrofon)

Je größer der Seitenschallgrad ist, desto akustisch breiter wirkt die Schallquelle. Anstelle von LE oder LF können auch die Maße LEM = 10 lg LE bzw. LFM = 10 lg LF verwendet werden.

Beide Seitenschallgrade LE und LF haben gemeinsam, dass durch die Verwendung eines Gradientenmikrofons der sich ergebende Beitrag einer einzelnen Schallreflexion zur Seitenschallenergie wie das Quadrat des Cosinus des Einfallswinkels der Reflexion, bezogen auf die Achse größter Mikrofon-Empfindlichkeit verhält. Kleiner [A.21] definiert deshalb in besserer Übereinstimmung mit der subjektiven Beurteilung den Seitenschallgrad LFC, bei dem die Beiträge der Schallreflexionen wie der Cosinus des Winkels variieren:

$$LFC = \frac{\int_{5}^{80} |p_{Bi}(t) \cdot p(t)|\,dt}{E_{80}} \quad (3.41)$$

Subjektive Bewertung von LE und LEM bzw. LF und LFM

Angestrebt werden sollte $0{,}3 < LE < 0{,}8$ bzw. $-5\,\text{dB} < LEM < -1\,\text{dB}$.

Dagegen gilt für LF als anstrebenswert: $0{,}10 < LF < 0{,}25$, oder wieder in Pegeldarstellung mit LFM = 10 lg LF: $-10\,\text{dB} < LFM < -6\,\text{dB}$

Anmerkung:

Nach Barron und Marshall [A.22] sind die seitlichen Schallreflexionen je nach Frequenzbereich für unterschiedliche subjektive Effekte verantwortlich. Daraus ergibt sich folgende Zuordnung:

LF-Oktav-Frequenzbereich 125 Hz $\geq$ LF $\geq$ 500 Hz	Eingehülltsein
LF-Oktav-Frequenzbereich 500 Hz > LF $\geq$ 4000 Hz	Quellenverbreiterung
LF-Oktav-Frequenzbereich LF > 4000 Hz	Ortungsverschiebung

Explizit ist eine subjektive Bewertung für LFC nicht bekannt. Es ist jedoch anzunehmen, dass die oben genannten Bereiche für LE bzw. LF näherungsweise auch für LFC gelten.

Literatur

A.1 Jordan, L.V.: Acoustical Design of Concert Halls and Theatres. Applied Science publishers, London (1980)

A.2 Eyering, C.F.: Reverberation time in "dead" rooms. J. Acoust. Soc. **1**(168), 217–241 (1930)

A.3 Sabine, W.C.: Collected Papers on Acoustics. Harvard Univ. Press, Cambridge (1923)

A.4 Ahnert, W., Reichardt, W.: Grundlagen der Beschallungstechnik. Verl. Technik, Berlin (1981)

A.5 Beranek, L.L.: Music, Acoustics and Architecture. New York, Wiley (1962)

A.6 Ando, Y.: Architectural Acoustics. Springer, New York, Inc. (1998)

A.7 Thiele, R.: Richtungsverteilung und Zeitfolge der Schallrückwürfe in Räumen. Acustica. Beih. 2, 291 (1953)

A.8 Ahnert, W.: Einsatz elektroakustischer Hilfsmittel zur Räumlichkeitssteigerung, Schallverstärkung und Vermeidung der akustischen Rückkopplung. Diss. Techn. Univ., Dresden (1975)

A.9 Peutz, V.M.A.: Articulation loss of consonants as a criterion for speech transmission in a room. J. Audio Engng. Soc. **19**(11), 915–919 (1971)

A.10 Klein, W.: Articulation loss of consonants as a basis for the design and judgement of sound reinforcement systems. J. Audio Engng. Soc. **19**(11), 920–922 (1971)

A.11 Houtgast, T., Steeneken, H.J.M.: A review of the MTF concept in room acoustics and its use for estimating speech intelligibility in auditoria. J. Acoust. Soc. Amer. **77**(3), 1060–1077 (1985)

A.12 Schroeder, M.R.: Modulation transfer functions: Definition and measurement. Acustica **49**(3), 179–182 (1981)

A.13 Kürer, R.: A simple measuring procedure for determining the "center time" of room acoustical impulse responses. 7th Intern. Congress on Acoustics, Budapest (1971)

A.14 Dietsch, L., Kraak, W.: Ein objektives Kriterium zur Erfassung von Echostörungen bei Musik- und Sprachdarbietungen. Acustica **60**(3), 205 ff. (1986)

A.15 Reichardt, W., Alim, O.A., Schmidt, W.: Definitionen und Messgrundlage eines objektiven Maßes zur Ermittlung der Grenze zwischen brauchbarer und unbrauchbarer Durchsichtigkeit bei Musikdarbietungen. Acustica **32**(3), S. 126 ff. (1975)

A.16 Standard ISO 3382–2:2008–06: Akustik – Messung von Parametern der Raumakustik – Teil 2: Nachhallzeit in gewöhnlichen Räumen

A.17 Beranek; L.: Concert and Opera Halls, Music, Acoustics and Architecture. Springer, New York (2004)

A.18 Lehmann, P.: Über die Ermittlung raumakustischer Kriterien und deren Zusammenhang mit subjektiven Beurteilungen der Hörsamkeit. Diss. Techn. Univ., Berlin (1976)

A.19 Fasold, W., Verse, E.: Schallschutz + Raumakustik in der Praxis. Verlag für Bauwesen, Berlin, (1998)

A.20 Barron; M: Auditorium Acoustics, 2. Aufl. Spon Press, London (2003)

A.21 Kleiner, M.: A new way of measuring lateral energy fractions. App. Acoust. **27**, 321 ff. (1989)

A.22 Barron, M., Marshall, L.: Spatial impression due to early lateral reflections in concert halls: The derivation of a physical measure. J. Sound Vib. **77**(2), 211–231 (1981)

A.23 EN 50849: Elektroakustische Notfallwarnsysteme, Deutsche Fassung, (2017–11)

A.24 EN ISO 9921: Ergonomie – Beurteilung der Sprachkommunikation. Deutsche Fassung (02/2004)

A.25 DIN VDE 0833–4: 2014–10, Gefahrenmeldeanlagen für Brand, Einbruch und Überfall, Teil 4: Festlegungen für Anlagen zur Sprachalarmierung im Brandfall

Literatur

1. Oppenheim, A.V., Schafer, R.W.: Zeitdiskrete Signalverarbeitung. Oldenbourg, München (1992)
2. Buttkus, B.: Spectral Analysis and Filter Theory in Applied Geophysics. Springer, Berlin (2000)

3. Farina, A.: Simultaneous measurement of impulse response and distortion with a swept-sine technique. Presented at the AES 108th Convention – Paris, (2000 February 19–22)

4. Müller, S., Massarani, P.: Transfer-function measurement with sweeps. J. Audio Eng. Soc. **49**(6), 443–471 (2001 June)

5. Vanderkooy, J.: Aspects of MLS measuring systems. JAES **42**,219 (1994 April)

6. Vorländer, M., Bietz, H.: Der Einfluss von Zeitvarianzen bei Maximalfolgenmessungen. DAGA, 675 (1995)

7. Rife, D.D., Vanderkooy, J.: Transfer function measurement with maximum-length sequences. J. AES. **37**(6), 419–444 (1989)

8. Mommertz, E., Müller, S.: Measuring impulse responses with preemphasized pseudo random noise derived from maximum length sequences. Appl. Acoust **44**,195 (1995)

9. EN 60268–16:2012: Elektroakustische Geräte – Teil 16: Objektive Bewertung der Sprachverständlichkeit durch den Sprachübertragungsindex (2012)

10. Jacob, K., Steeneken, H., Verhave, J., McManus, S.: Development of an accurate, handheld simple-to-use, meter for the prediction of speech intelligibility. Proc. IOA. 23, Pt 8

11. AES, Heyser, R. C.: Time Delay Spectrometry – An Anthology of the Works of Richard C. Heyser. AES, New York (1988)

12. SIM Audio Analyzer. Meyer Sound www.meyersound.com, Berkeley, USA, http://www.meyersound.com/products/#sim

13. Smaart Software. Rational Acoustics, Putnam, USA, http://www.rationalacoustics.com/

14. AFMG SysTune. AFMG Technologies GmbH, Berlin, Deutschland, www.afmg.eu

15. Standard ISO 3382-2:2008-06: Akustik – Messung von Parametern der Raumakustik – Teil 2: Nachhallzeit in gewöhnlichen Räumen

16. Lundeby, A., Vorländer, M., Vigran, T.E., Bietz, H.: Uncertainties of measurements in room acoustics. ACUSTICA **81**,344–355 (1995)

17. Olson, B., Ahnert, W., Feistel, S.: Experience with in Situ Measurements using Electronic and Acoustic System Evaluation and Response Analysis (EASERA). 153rd Meeting ASA, Salt Lake City, Utah (2007 June 4–8)

18. DIN 52212: Bestimmung des Schallabsorptionsgrades im Hallraum (1961-01) DIN 52215: Bestimmung des Schallabsorptionsgrades und der Impedanz im Rohr (1963-12)

19. DIN EN 61260:1995 + A1:2001: Bandfilter für Oktave und Bruchteile von Oktaven

20. IEC 61672-1: Anforderungen an Schallpegelmesser. A, B Weighting, S, F Zeitkonstanten

21. DIN ISO 13472-1:2002: Akustik – Messung der Schallabsorptionseigenschaften von Strassenoberflächen vor Ort – Teil 1: Freifeldverfahren

22. ISO 17497-1:2004: Acoustics – Sound-scattering properties of surfaces – Part 1: Measurement of the random-incidence scattering coefficient in a reverberation room

23. Mommertz, E.: Determination of scattering coefficients from the reflection directivity of architectural surfaces. Appl. Acoust **60**,201–203 (2000)

24. Vorländer, M., Mommertz, E.: Definition and measurement of random-incidence scattering coefficients. Appl. Acoust **60**,187–199 (2000)

25. AURA software module as part of the EASE Software. AFMG Technologies GmbH, www.afmg.eu, Berlin, Germany, ODEON software. http://www.dat.dtu.dk/odeon, ATT-Acoustic software. http://www.catt.se/

26. Cox, T.J., D'Antonio, P.: Acoustic Absorbers and Diffusers, Theory, Design and Application. CRC Press Taylor & Francis Group, Boca Raton (2017)

27. Lehmann, P.: Über die Ermittlung raumakustischer Kriterien und deren Zusammenhang mit subjektiven Beurteilungen der Hörsamkeit. Dissertation, TU Berlin (1976)

28. FIFA World Cup Stadium Requirements Handbook 2018 FIFA World Cup/01.11.2014 see paragraph 50.20.20.50. Technical Specification for PA system

29. DIN 15905-5 (Norm 2007-11, mit Berichtigung von 2013-02): Maßnahmen zum Vermeiden einer Gehörgefährdung des Publikums durch hohe Schallemissionen elektroakustischer Beschallungstechnik

30. Mapp, P.: Erstmals veröffentlicht in Audio System Design & Engineering, Klark Teknik, Cheltenham (1985)

31. Houtgast, T., Steeneken, H.J.M.: The modulation transfer function in room acoustics as a predictor of speech intelligibility. Acustica. **28**,66–73 (1973)

32. Schroeder, M.R.: Modulation transfer functions: Definition and measurement. Acustica **49**,179–182 (1981)

33. DIN VDE 0833-4:2014-10, Gefahrenmeldeanlagen für Brand, Einbruch und Überfall – Teil 4: Festlegungen für Anlagen zur Sprachalarmierung im Brandfall

34. RASTI-Sprachübertragungsmesser Typ 3361. Datenblatt Fa. Bruel & Kjær

35. EN 50849: Elektroakustische Notfallwarnsysteme, Deutsche Fassung, 2017-11

36. EN ISO 9921: Ergonomie – Beurteilung der Sprachkommunikation. Deutsche Fassung (02/2004)

37. Haas, H.: Über den Einfluss eines Einfachechos auf die Hörsamkeit von Sprache. Acustica. **1**,49–58 (1951)

38. Ahnert, W., Steffen, F.: Sound Reinforcement Engineering, Fundamentals and Practice. E & FN SPON, London (2000)

39. Ahnert, W., Behrens, T.: Acoustic measurements in a theatre during the Performance, Presented at the ICA, Montreal, Canada (2013 June 2–7)

Printed by Printforce, the Netherlands